我们的科技发明

WO MEN DE KE JI FA MING

全景图说中国文明

王文彬◎著
童悦◎绘

中国轻工业出版社

图书在版编目（CIP）数据

我们的科技发明 / 王文彬著；童悦绘 . -- 北京：中国轻工业出版社，2025. 3. --（全景图说中国文明）.

ISBN 978-7-5184-5020-6

Ⅰ . N092-49

中国国家版本馆 CIP 数据核字第 2024ZB9036 号

责任编辑：李　锋

策划编辑：李　锋　　责任终审：高惠京　　封面设计：董　雪

版式设计：李　涛　　责任校对：晋　洁　　责任监印：张京华

出版发行：中国轻工业出版社（北京鲁谷东街 5 号，邮编：100040）

印　　刷：北京博海升彩色印刷有限公司

经　　销：各地新华书店

版　　次：2025 年 3 月第 1 版第 1 次印刷

开　　本：889 × 1194　1/12　印张：4

字　　数：100 千字

书　　号：ISBN 978-7-5184-5020-6　定价：45.00 元

邮购电话：010-85119873

发行电话：010-85119832　010-85119912

网　　址：http://www.chlip.com.cn

Email：club@chlip.com.cn

231258E3X101ZBW

目录

导读

干支

商朝，用干支纪日；春秋，用干支纪月；汉朝，用干支纪时与纪年

圭（guī）表

用圭表定节气和方位

漏刻

西周，单只壶的漏刻；汉朝，二级补偿浮箭漏壶；唐朝，多只供水壶串联

指南针

战国，司南像勺子；南宋，罗盘定方位；元朝，指南龟指方向；现代，指南针像表

水运仪象台

由水力驱动，世界上最早的天文钟

小孔成像

小孔成像的原理与规律，小孔成像的应用

潜望镜

西汉，水盆看外面；潜望镜的应用

透光镜

西汉，出现会透光的镜子

游标卡尺

西汉末年，游标卡尺出现

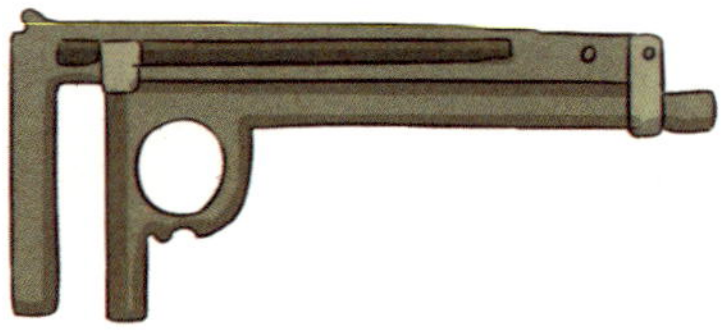

立轴式大风车

可驱动龙骨水车、灌溉农田、盐场汲卤等，沿用至今

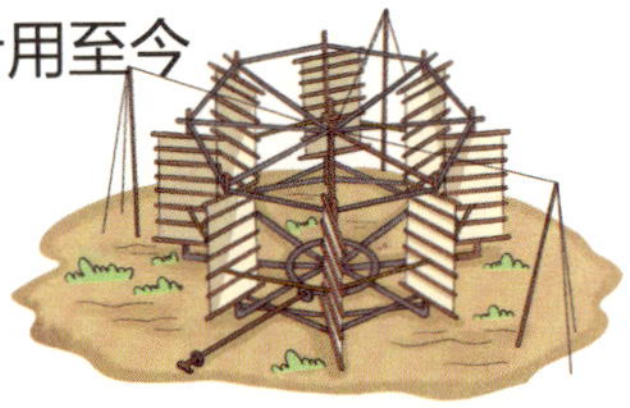

走马灯

南宋，上元灯会里的走马灯

酿酒

从自然发酵到制作酒曲

铁犁

新石器时代，耒耜；春秋，直辕犁；唐朝，曲辕犁

石磨

战国，发明旋转石磨

翻车

东汉，龙骨水车；后来，筒车、牛转翻车

扬谷扇车

西汉，扇车；明朝，筒形封闭式扇车；清朝，切向出风扇车

水排

春秋，排囊；东汉，立轮式水排；元朝，卧轮式水排

养蚕

新石器时代，蚕茧抽丝；汉朝，丝绸之路

瓷器

新石器时代，玩泥捏陶；东汉，瓷器问世；宋朝，名扬海外

针灸

新石器时代，石针、骨针；战国至秦汉，金属针；现代，不锈钢针

珠算

汉代，珠算已经出现；元末明初，珠算普及；当代，列入人类非物质文化遗产代表作名录

造纸术

东汉，蔡伦改进造纸术；魏晋，造纸原料更加丰富；唐朝，薛涛笺；民国，大千纸

印刷术

唐朝，雕版印刷；宋朝，活字印刷；元朝，转轮排字盘

冷兵器

弓箭从单体弓发展而来；弩射得更远；剑从青铜、铁器而来

火药

唐初，炼丹得到配方；唐末以来，出现了各式火器

小朋友，画出你的发明创造吧

干支 老祖宗用的纪时方法

子鼠、丑牛、寅虎、卯兔、辰龙、巳蛇……十二生肖口诀小朋友们都会说，但你知道子、丑、寅……代表的是什么意思吗？它们来自中国古代的干支纪时，是根据一定规律和顺序记录年、月、日、时的符号。从古至今，世界上出现过不少历法，干支纪时法是中国特有的历法，早在商朝时期就开始使用，已经使用了3000多年。

商朝，干支用来纪日

据考古研究发现，商朝晚期已有完整的干支纪日表。从公元前720年2月到公元1911年，我国一直使用干支纪日，持续了2600多年，创造了世界上时间最长的连续纪日纪录。

干支纪日时，将天干和地支搭配排列起来，天干在前，地支在后，天干（共10个）由“甲”起，地支（共12个）由“子”起，一共有60个组合。一个干支代表一天，甲子是第一天，乙丑是第二天，丙寅是第三天……60天为一个周期。一个干支周期结束后，再从头开始接着纪日。

春秋时期，干支开始纪月

战国时期，人们常用十二地支搭配一年中的十二个月来纪月。再到后来，干支也可以纪月，但不常用。和干支纪日法一样，一个干支代表一个月，农历正月从地支的寅开始计算，一个干支周期循环下来是五年。

小知识

考古发现

考古学家在殷墟发现过写有六十甲子表的牛骨残片（《甲骨文合集》第37986片甲骨），说明商朝的干支纪时已经成熟。

干支纪日是干支纪时法的最早应用。商朝甲骨卜辞中，就有大量用于纪日的干支记录。

通过这些甲骨文碎片，我们可以看到天干地支的甲骨文写法。

【十天干】甲（jiǎ）、乙（yǐ）、丙（bǐng）、丁（dīng）、戊（wù）、己（jǐ）、庚（gēng）、辛（xīn）、壬（rén）、癸（guǐ）。

【十二地支】子（zǐ）、丑（chǒu）、寅（yín）、卯（mǎo）、辰（chén）、巳（sì）、午（wǔ）、未（wèi）、申（shēn）、酉（yǒu）、戌（xū）、亥（hài）。

小知识

干支源于一个古老传说

传说三皇五帝时期，黄帝曾经与蚩尤展开了一场殊死决斗，一时难分胜负。黄帝只好祭祀天地，为黎民百姓祈福。上天感应到了，就降下了十天干和十二地支。

黄帝将十天干按照圆形排列，用来象征天；将十二地支按照方形排列，用来代表地。天干和地支按固定的顺序互相配合，后来就被人们用来纪时了。

汉朝，干支用来纪时与纪年

汉朝时，人们用十二地支来表示十二时辰。夜半 23:00 至次日 1:00 为子时，1:00 至 3:00 为丑时，3:00 至 5:00 为寅时……他们还给十二时辰取了 12 个有趣的名字：夜半（子时）、鸡鸣（丑时）、平旦（寅时）、日出（卯时）、食时（辰时）、隅中（巳时）、日出（午时）、日跌（未时）、哺时（申时）、日入（酉时）、黄昏（戌时）、人定（亥时）。

大约到了西汉晚期，人们用干支来纪年。公元 85 年，汉章帝下令在全国推行干支纪年。从此，干支纪年被固定下来，至今仍在使用。

圭表 从日影中读出时间

在距今 4000 多年的陶寺遗址（位于今山西省襄汾县陶寺村南）中，人们发现了最早的测日影天文观测系统，有学者认为这是最早的圭表。圭表是度量日影长度的天文仪器，最早的圭表用泥土等材料制作而成。到了汉朝，人们制作出更精准的圭表，圭表的样式也基本确定。圭表结构简单、使用方便，只要将它打开放在太阳底下，就可以根据表影的长度来判断节气。因此，圭表是农民种庄稼的好帮手。

圭表定节气

每天正午，人们通过圭表观测影子长度的变化来确定节气。影子最短的一天为夏至，最长的一天为冬至。古代历法中把冬至作为一年的开始，用圭表可以确定冬至的时间，这一点尤为重要。

春秋时期，人们还利用圭表的影子长度确定了秋分和春分的时间。这两个节气时，太阳的起落方位是正东、正西，正午时，表的影子位于圭的正中。

圭表定方位

圭表也可以用来确定方位。通常，正午时影子最短，影所指的方向即为正北。

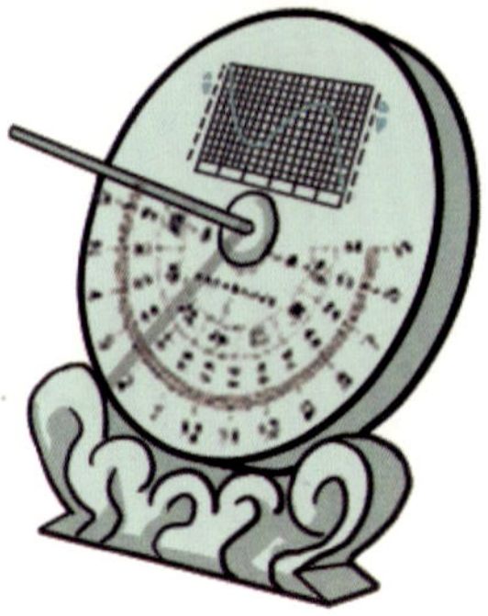

日晷

圭表的演变

日晷

日晷由晷针和晷面组成，计时功能更强大。晷面呈圆形，圆心处垂直竖立着一根晷针，晷面上有时间刻度。随着太阳运动，晷针的影子会在晷面上移动，影子对应的刻度就是当前的时间。日晷主要依靠影子来测时间，所以主要在白天使用。

高表

古代的表一般为八尺，约 1.9 米。元朝科学家郭守敬改进了圭表，他在今天的河南登封建造了一个高 9.46 米的表，称为“高表”，现在一般称为“观景台”。郭守敬还为高表制作了一个辅助仪器，名叫景符，大大提高了测影的精确度。

高表（观景台）

漏刻 以水为钟的计时方法

圭表靠测太阳光投下的影子计时，只能在白天有太阳时使用，太阳下山后，或遇到阴天、下雨、没有阳光时，人们怎么计时呢？聪明的古人发明了“漏刻”，“漏”指的是漏壶，“刻”指的是带有刻度的箭杆，通过水的滴漏情况来判断一日之内的时间。这一方法经历了漫长的发展历程，始于新石器时代晚期，一直沿用到清朝。

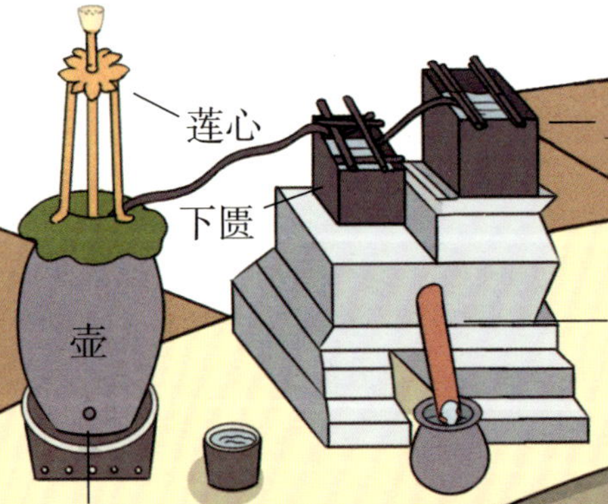

宋朝时期官员燕肃制造了“莲花漏”计时装置。他在向箭壶供水的下匮上部开一个小孔，当上匮的水高出小孔时，就会流出到减水盆中。这种方法可以使下匮的水位保持基本恒定，使漏刻的水流量更稳定，计时更准确。

小知识

称漏计时法

“称漏”是以漏水的重量来计量时间的计时方法。据传，它是北魏时期的道士李兰发明的。将受水壶挂在秤钩上，按李兰的计算，流进受水壶的水为一升时，增重一斤，经时一刻。这种方法精度比较高，隋朝以后成为官方的主要计时器，直到北宋正式采用莲花漏为止。

唐朝时，人们将多只供水壶依次串联成为一组，每只壶都依次向下一只壶滴水，下端的受水壶水位由上一只供水壶的水来补充，壶内水位基本保持不变，水壶匀速滴水，计算出来的时间更加精准。

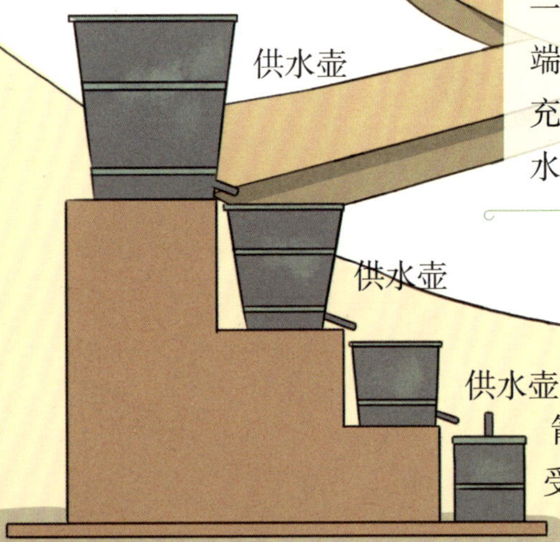

早在新石器时代，人们已经学会制陶。陶器在使用过程中会出现裂纹，水会漏出来，水漏出来需要一定时间，于是人们发现可以根据水量的变化来判断时间的流逝。

西周时人们已经发明了漏刻，在壶的底部开一小孔，壶中放一根有刻度的木杆，观察水位退到哪一刻度，就能知道是什么时间了。这根木杆被称为箭杆，这种计时法叫作“淹箭法”。

由于水会吸附在箭杆上，淹箭法计时准确度没那么高，于是人们用“沉箭法”取而代之。人们在壶中放一块木块，叫箭舟。将箭杆插在箭舟上，箭杆上有时间刻度。当壶中水满时，箭杆靠木块的浮力升得很高；随着水的流失，箭舟往下沉，箭杆也随之下降。通过观察刻度线，就可以知道时间。

为了提高漏壶计时的精准度，人们又发明了“浮箭法”。最早的浮箭漏壶是单级的，由两只漏壶组成，一只是供水壶；另一只是受水壶。受水壶中放箭尺，通常称为箭壶。供水壶的水不断地注入箭壶，木箭上的时刻标记就不断地从壶中显露出来，人们就可以知道具体的时间了。

单级浮箭漏刻只有一只供水壶，计时仍然存在比较大的误差。汉朝时，人们在供水壶和箭壶之间又加了一只补偿壶，补偿壶的水位可以保持稳定。这就是二级补偿浮箭漏壶。

指南针 帮你辨别方向

早在先秦时期，人们在寻找铁矿时就发现了“磁石”，也就是吸铁石。这种石头不仅能够吸铁，还具有指向性。于是，人们利用这个物理现象发明了指南针，主要用来指示方向。

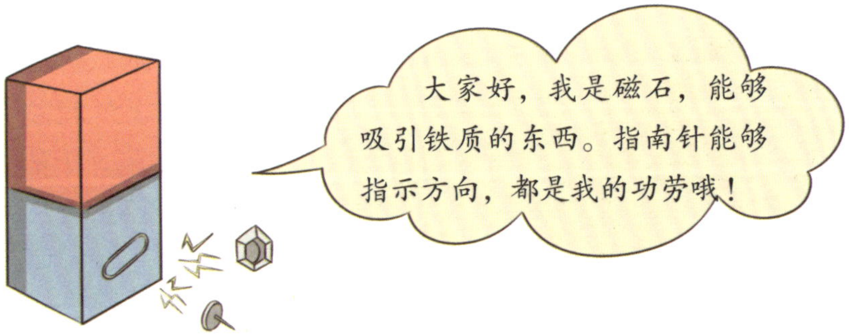

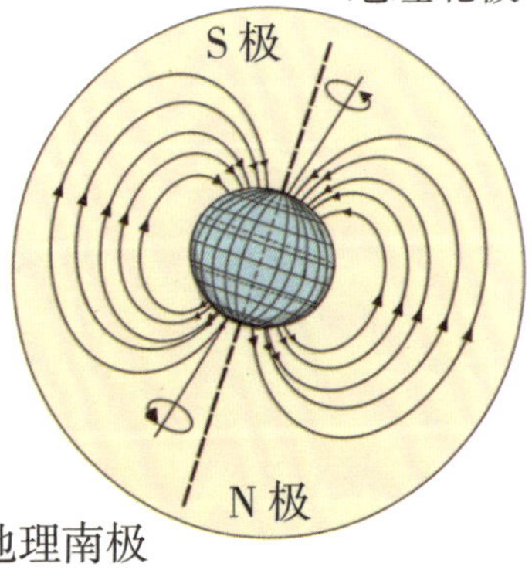

指南针如何指南

地球周围空间分布着地磁场，磁北极（N）位于地理南极附近，磁南极（S）位于地理北极附近。天然磁石与地磁场相互吸引，不管在地球的什么位置，放置一块磁石，它的 N 极始终指向地磁场的南极（地理北极附近），它的 S 极始终指向磁场的北极（地理南极附近）。

从宋朝开始，指南针被广泛使用在航海上。从 12 世纪开始，指南针先后传到阿拉伯地区、欧洲等地的许多国家。不论是明朝的郑和下西洋，还是哥伦布航行、麦哲伦环球航行，都多亏了海上救星指南针。

指南针的前世今生

1. 战国时，人们把一块勺子样的磁石，放在刻有方位的水平底盘面上。转动勺柄，当勺子停下来时，勺柄一端总是指向南方。这个仪器的名字叫作“司南”。

2. 宋朝初期，人们将薄铁磁片裁剪成鱼的形状，制成“指南鱼”。使用时，将指南鱼放入水中，使其浮在水面上。待它静止时，鱼头指示南方。

3. 指南鱼的磁性弱自重也大，指示方向存在偏差，于是宋朝人又用天然磁石磨成钢针，使钢针磁化，再放在水里进行指南。

4. 之前的指南针使用起来不方便。直到南宋，人们将磁针和方位盘结合起来，发明了“罗盘”。

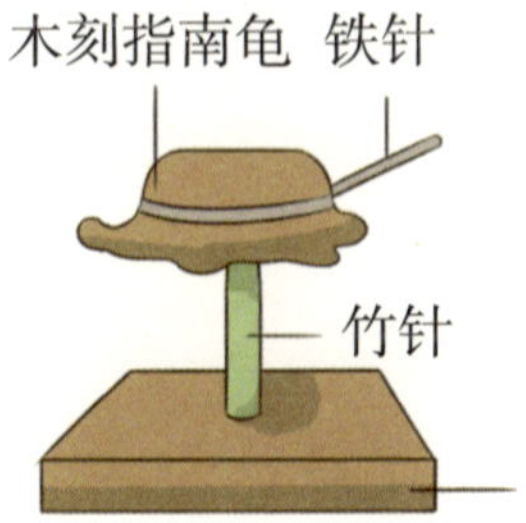

5. 宋末元初，人们通过木刻指南龟来指示方向。在木刻指南龟的腹部下方挖个小洞，放入一根磁石，并在木刻指南龟尾部敲入一根铁针与磁石末端相连，把木刻指南龟的腹部支在竹针上转动。待木刻指南龟静止，龟尾的针会指向南方。

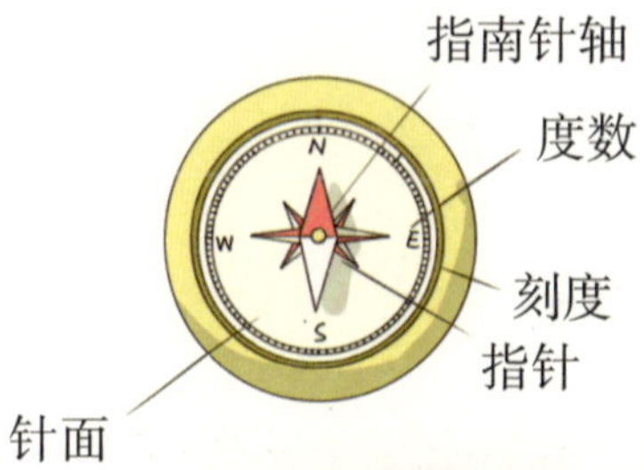

6. 现代的指南针像一块手表，里面装有一根磁针，磁针通常一端是红色的，另外一端是其他颜色，红色那端总是指向北方。

人类会用指南针辨认方向，许多动物则自带“导航仪器”，帮助自己准确定位。比如大雁、燕子等候鸟，它们会根据地球磁场来辨认方向，顺利地进行南北迁徙。

水运仪象台 世界最早的天文钟

北宋时，在宰相苏颂的主持下，官员韩公廉召集了一批能工巧匠，发明了水运仪象台。它利用漏刻的水力来驱动，集天文观测、星象演示、计时报时等多种功能于一体，是当时世界上最先进的大型机械装置，被誉为是世界上最早的天文钟。

水运仪象台构造

水运仪象台是木质的，正方台形，上窄下宽，高约 12 米，宽约 7 米，共分 3 层，涉及的零部件据说有数千个。

浑仪

浑仪，中国古代用于测量天体球面坐标的观测仪器，大约在战国时期至秦汉时期被发明出来。

浑象

类似现代的天球仪，用于象征天球的运动，演示天象的变化。最早出现在西汉时期。

报时装置内藏乾坤

在水运仪象台的下层有 5 层木阁，内有一套设计精巧的报时系统。

1. 第一层木阁又叫“正衙钟鼓楼”，负责全台的标准报时。古时候的一天分为 12 个时辰，每个时辰相当于现在的 2 个小时。每过一刻钟，绿衣小人在中门击鼓；每个时辰开始时，红衣小人在左门摇铃；每个时辰的正中，紫衣小人在右门叩钟。

2. 第二层木阁负责报告时初、时正的名称，相当于时针的功能。红衣木人和紫衣木人各有 12 个，都拿着时辰牌，木牌按顺时针方向依次为子初、子正、丑初、丑正、寅初、寅正……

3. 第三层木阁负责报告时刻，相当于分针的功能。这层有 96 个绿衣木人，每过一刻钟，就会出现一次。

4. 第四层木阁负责晚上的报时。日落、黄昏、各更、破晓、日出时，均有木人报时。

5. 第五层木阁装置有 38 个木人，木人位置可以随节气的变换，报告日出、日落、黄昏等情况。

小孔成像 原来光不会拐弯

小孔成像，指的是用一个带有小孔的板遮挡在屏幕与物体之间，屏幕上就会形成该物体的倒像。早在春秋战国时期，墨子和他的弟子们做了世界上第一个小孔成像的实验，由此发现了光不会拐弯，而是沿直线传播的现象。

人体的头部反射出来的光线，所成的像会跑到光屏的低处。人体的脚部反射出来的光线也会以同样的方式，在光屏的高处成像。所以，这个成像是倒着的影像。

光照射在人的身体上，人体会将光线反射出去，遇到遮挡物，要通过小孔直线透射出去，在光屏处形成影像。

小孔成像的基本认识

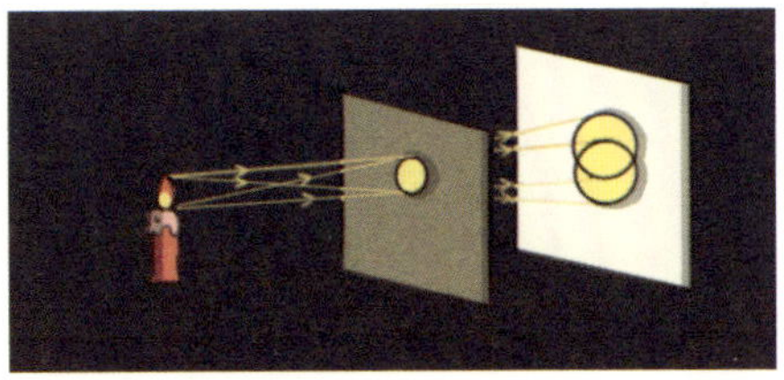

小孔的大小

小孔成像中的孔洞越小，光屏上所成的像越清晰，但成像会更暗；孔越大，所成的像就越不清晰，过大的话甚至会模糊不清。

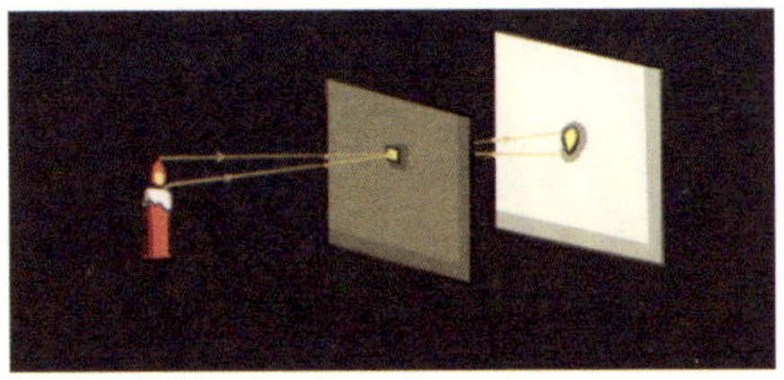

小孔的形状

小孔的形状和成像关系不大，无论是三角形、正方形、长方形还是圆形，只要是大小适中的小孔，都能清晰成像。

动手做一做

大写字母“F”通过小孔，所成的像会是哪个？

A. 　　B. 

我们这么做吧！

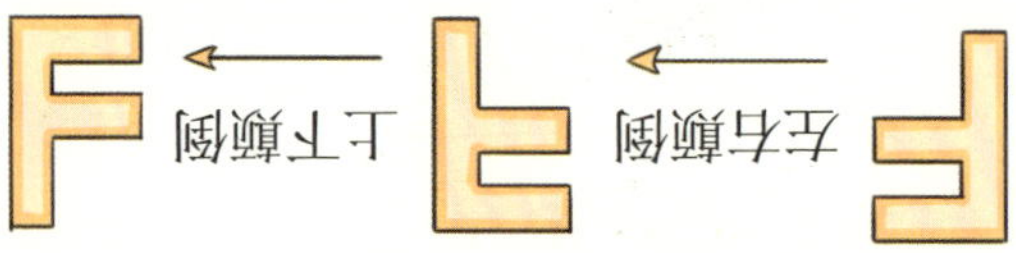

【答案】B

科学实验：成像会变吗

向上移动物体

倒立的成像会向下移动。

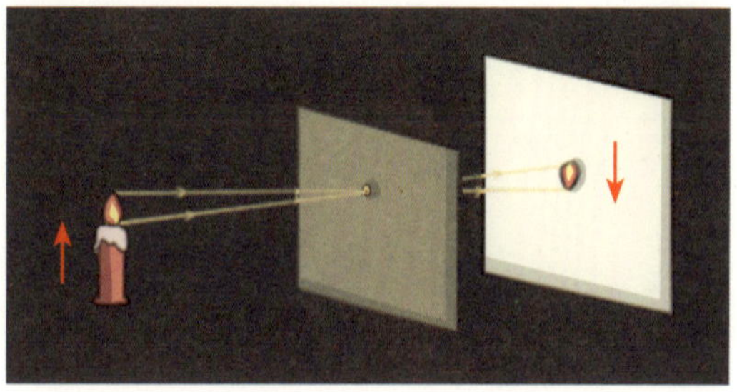

向前移动光屏

物距不变，像距变小，成像变小。

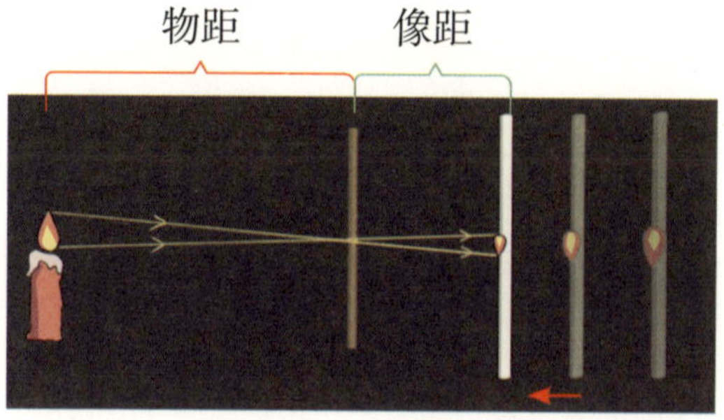

向后移动光屏

物距不变，像距变大，成像变大。

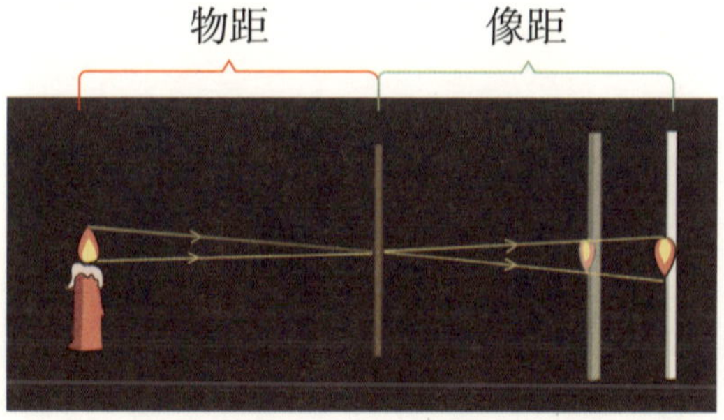

向前移动光屏，向后移动物体

像距越小，物距越大，成像变小。

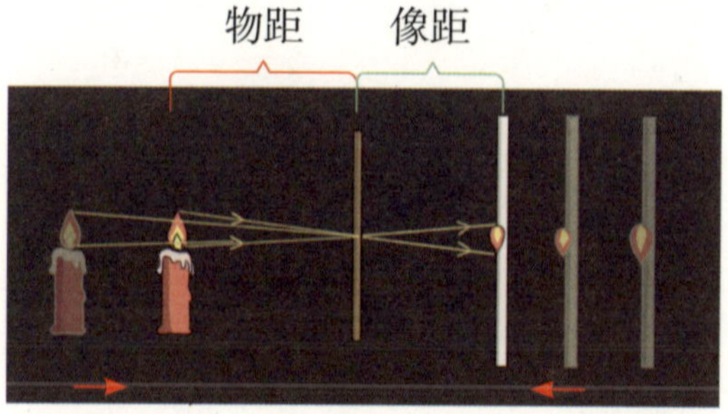

由此可见：像与物的运动方向是相反的。改变物距、像距，成像大小是会变化的。

生活中的小孔成像

树叶的影子

当阳光透过树叶之间狭窄的缝隙时，投在地上的都是圆形的光斑，其实这就是太阳的倒像。如果树叶的缝隙太大，就不具备小孔成像的条件，则会形成树叶的影子。

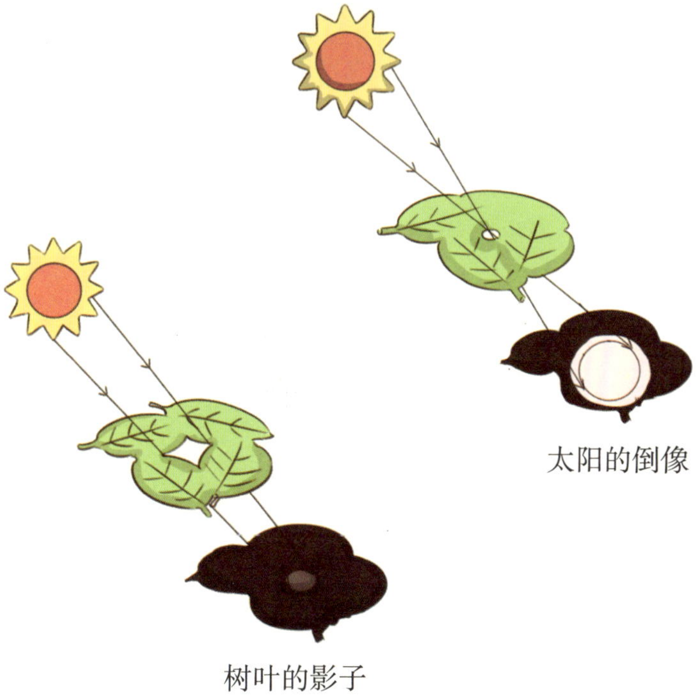

拍照

照相机和摄影机就是利用了小孔成像的原理来拍照、录像的。

1. 镜头是小孔，大多数安装凸透镜，保证光线成像距离。

2. 景物反射的光线通过小孔，进入暗室。

3. 图像被一些特殊的化学物质（如卤化银等），留在胶片上。数码相机、数码摄影机等则是把图像转化为数字信号存储在存储卡内。

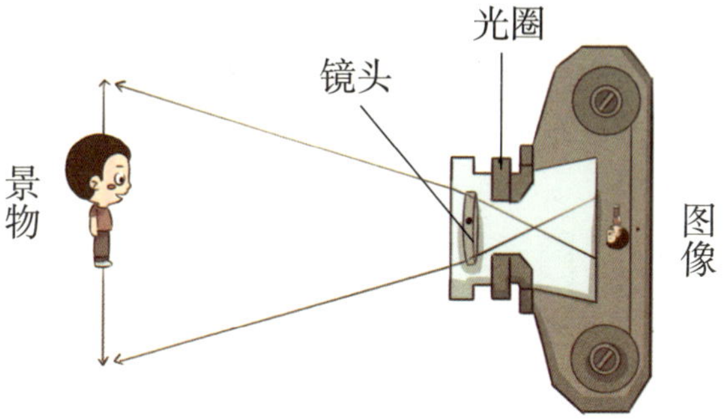

潜望镜 最早的观察神器

潜望镜主要用在潜艇、坦克或坑道中，可以在水面下或地下窥探海面或地面上的基本情况。虽然它是外国人发明的，但早在西汉时，古人就发现了它的制作原理。

你看不见我，我能看见你

西汉初，人们住的房子大多有高高的院墙，不容易看见外面的事物。于是，有人在院墙内高高挂起一面镜子，在镜子下方的地面放了一盆水。通过水盆，便能看到院墙外的情况。

镜子取代脸盆

前面我们讲过了，光是沿直线传播的。光线照射到平面镜上会被反射出去，如果碰到另一面镜子，光线会再一次被反射出去，再碰到第三面镜子……经过反复反射，第一面镜子中的景象，就会出现在最后一面镜子中。

汉朝时，镜子是用青铜制造的，大的铜镜直径可达 15 厘米左右，小的直径可能不足 5 厘米。整个镜子薄薄的，很像圆圆的大纽扣。镜子的背面装饰着各式各样的花纹，正面则可以用来照面梳妆。

动手做个简易潜望镜

【准备工作】准备两块一样大的小方镜、一块硬纸板、一把剪刀、一个胶带。

小镜子：长 10 厘米，宽 7 厘米。

硬纸板：宽 28 厘米，长度可以根据条件自己决定。纸板长一些，潜望镜就可以做得高一些。

【开始制作】

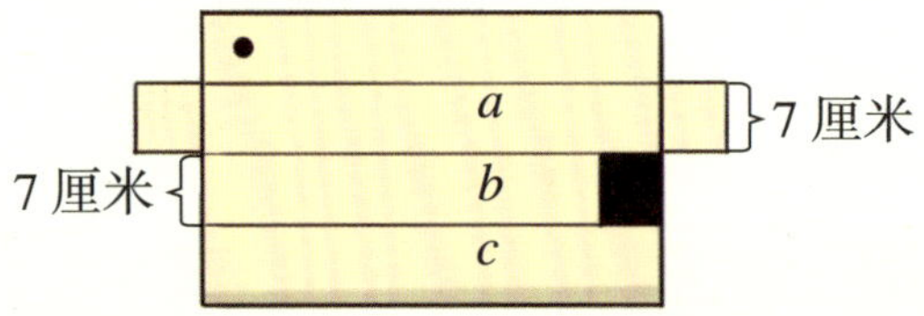

第 1 步：如图所示，在纸板上画出 3 条平行线，每条线之间的距离都是 7 厘米。在 a 区域的两端各留出一个边长为 7 厘米的小正方形作为挡板。把 b 区域涂黑的部分剪去作为观察孔。用尺子沿着平行线压出痕迹（注意不要弄破）。两侧各留出一个边长为 7 厘米的小正方形做挡板。如上图所示。

不同吨位的潜艇拥有不同长度的潜望镜，常规潜水艇的潜望镜长度在 10 ~ 20 米。

瞧！海上探出一个“小脑袋”

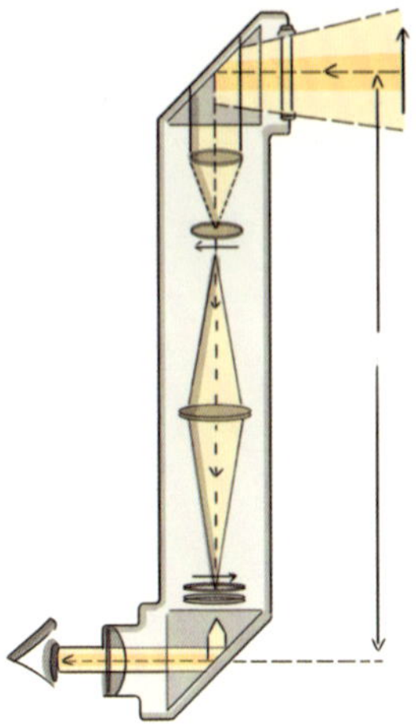

潜望镜虽小，用处却很大。潜艇上浮之前，需要用它进行海空观察和航向确认，可以说，潜望镜就是潜艇的眼睛。

1. 在一根长钢管桅杆的两端安装透镜，将两块平面镜分别置于长管两端的转角处。
2. 两镜面平行且相对，角度都是 45°。
3. 上端镜片将面对的影像向下反射。
4. 底部的镜片将反射过来的影像做二次反射。
5. 观测人员通过底部的反射镜就可看到比人的水平视线高得多的上方景物。

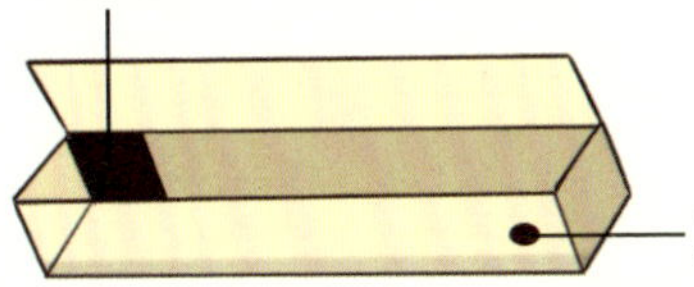

第 2 步：沿着划出的痕迹将纸板折成一个长方形的盒子，用胶带把它粘好，先不封口。

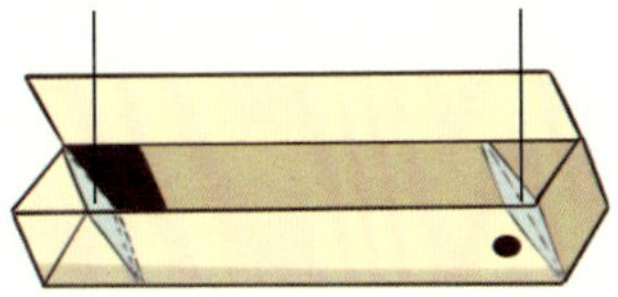

第 3 步：用胶带把小镜子像图中那样粘好，使小镜子和长纸盒之间的夹角呈 45°，两面小镜子平行相对。

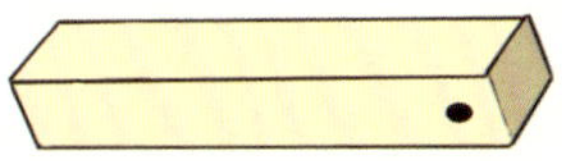

第 4 步：将长方体的两端粘好，一个简易的潜望镜就做好了。

透光镜 奇异的魔镜

早在西汉时期，透光镜就出现了。虽然透光镜与其他镜子的用途区别不大，但透光镜的出现，说明汉朝在冶炼、铸造、加工等方面的技术已达到了较高水平。什么是透光镜呢？当光线照射在镜面时，镜背的图案、铭文等会映照在镜面对面的墙上。因此，也有人把透光镜称为“魔镜”。

透光镜的制作方法

透光镜在铸造过程中，背面凹凸薄厚不一。有铭文和图案的地方比较厚，没有铭文和图案的地方较薄。透光镜的边缘还有一个又宽又厚的镜环。透光镜薄的地方，冷却速度快；镜环宽厚，冷却速度慢，从而使镜面产生了凹凸不平的形变。当光照射到透光镜上时，才会出现图案、铭文映在墙上的现象。

透光镜怎样透光

当一束阳光或平行光投射到透光镜上时，有纹饰的地方较平，反射光较集中，反射到墙上的光更明亮。没有纹饰的地方由于镜面凸起，反射光发散，反射到墙上的光相对较暗，于是墙上呈现出与镜子背面相同的图案。花纹虽然在镜子背面，但在镜面上仍然会残留一些花纹的痕迹，在阳光的照射下自然也会更容易显现出来。

游标卡尺 2000 年前的测量工具

游标卡尺的外形像一把手枪，可它并不是武器，而是一种测量工具，主要用来测量物品的长度或深度、圆形物体的内外径等。世界上最早的卡尺出现在西汉末年，比欧洲早了大约 1700 年。

2000 年前的卡尺

这把新莽时期（公元 9—23 年）的铜卡尺，全长 13.3 厘米，外形与现代的游标卡尺很像。使用时，用左手握住鱼形柄，右手牵动环形拉手，即可测量。

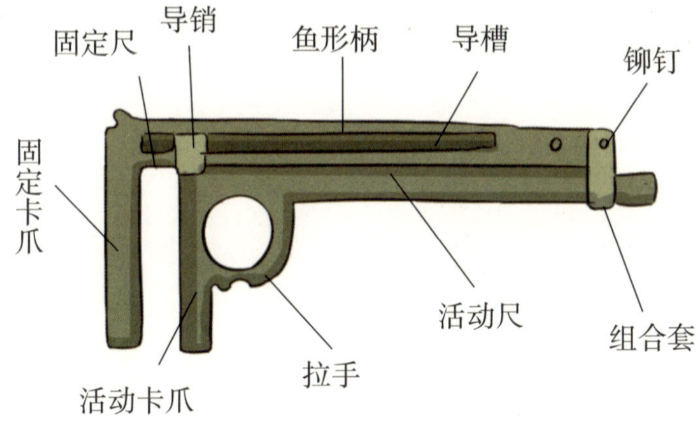

游标卡尺现在的模样

时至今日，游标卡尺与它刚被发明时的样子大体一致。它主要由主尺和游标组成，主尺和固定卡脚制成一体，游标和活动卡脚是一体的，游标依靠弹簧片的作用靠紧尺身，可以沿着主尺滑动。

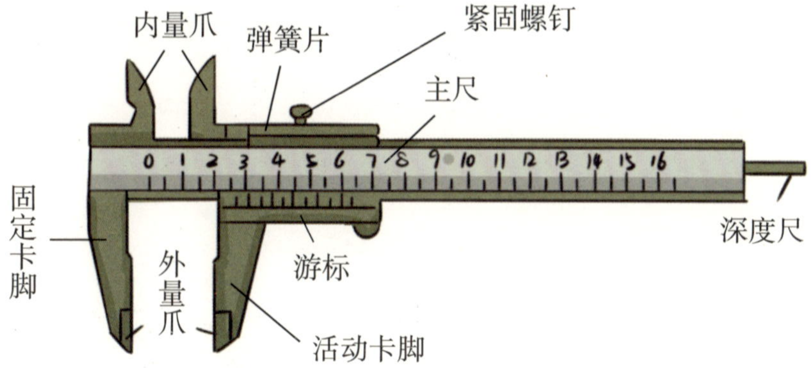

游标卡尺怎么用

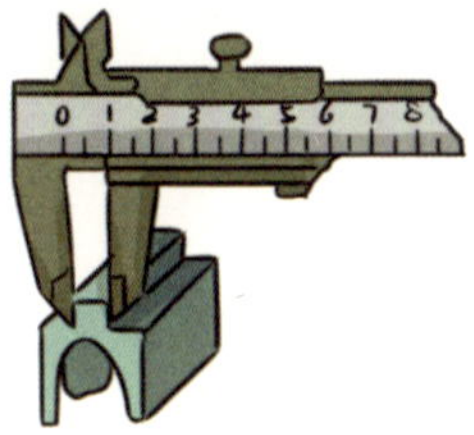

测宽度：将被测量的物体放入卡尺的外量爪内，钳住物体，得出数据。

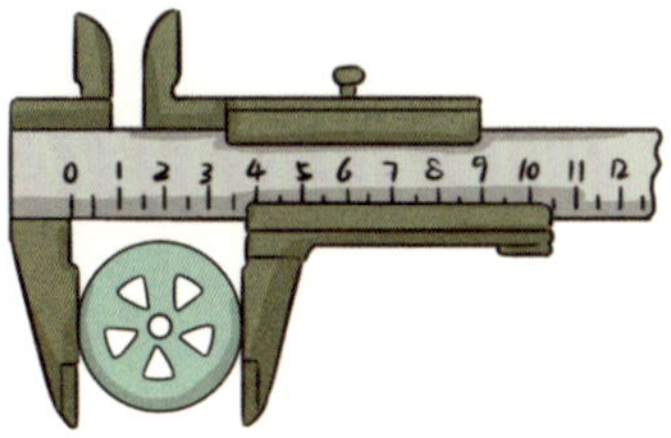

测外径：将圆形或圆柱形物体放入卡尺的外量爪内，钳住物体，得出数据。

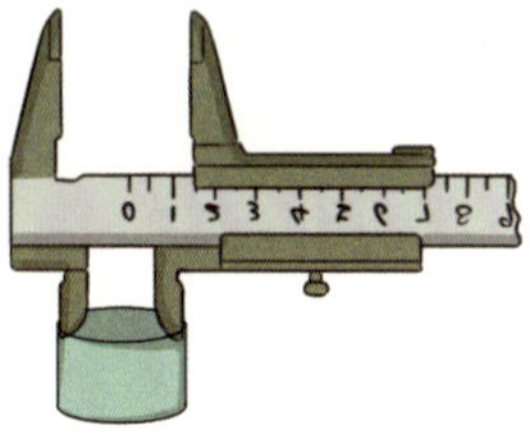

测内径：将卡尺的内量爪直接插入物品内部边缘，两端张开，撑住物体，得出数据。

测深度：将卡尺竖起来，深度尺部分直接探入物体内部，直至最底部，再固定标尺，得出数据。

小知识

测量时怎么拿卡尺

1. 逆时针旋转紧固螺钉，便于随意滑动游标。
2. 右手四指握住主尺，左手拿着需要测量的物体。
3. 将物体放入测量爪内，用大拇指移动游标。
4. 待游标与物体紧紧相贴时，就可以读数了。
5. 读数后，移动游标，松开并取走物体。

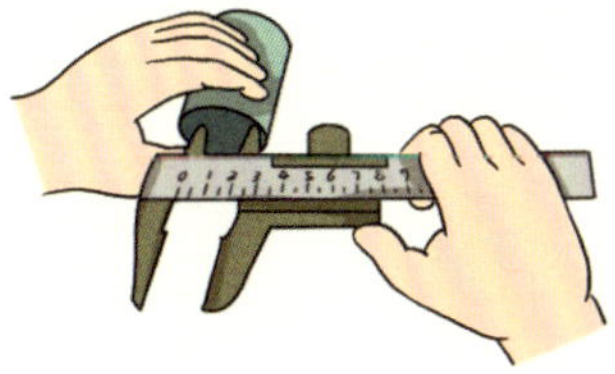

立轴式大风车 古代的风力“发电机”

立轴式大风车，是中国特有的风力机械。它的旋转轴垂直于地面，体形巨大，老百姓称其为“大风车”。大约在南宋时期，大风车已用来驱动水车，灌溉农田。

立轴式大风车的样子

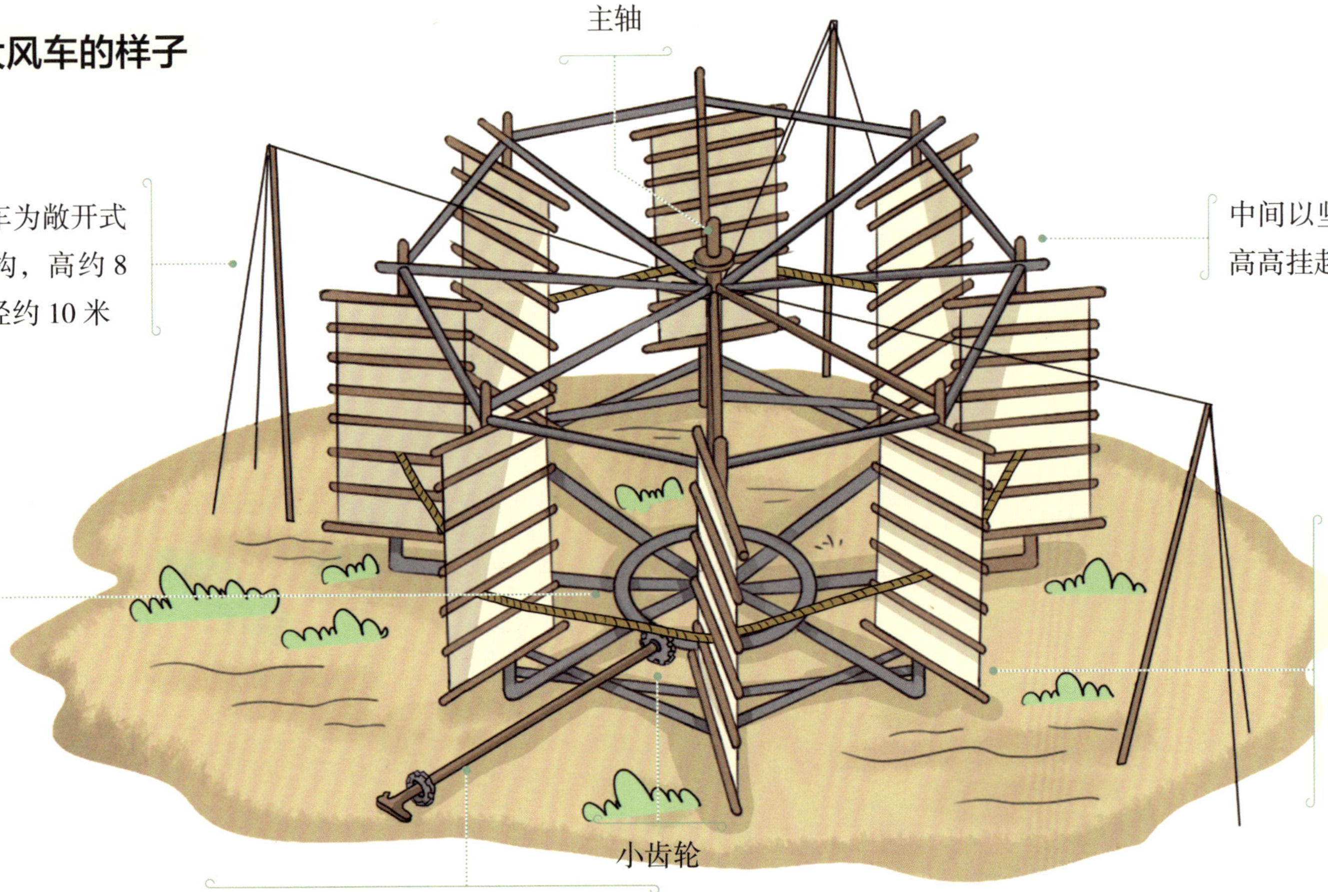

现在的风力发电

如今，风力发电被广泛使用。风力发电机将风能转换成机械能，再将机械能转换为电能。风能可再生，无污染，是非常好的清洁能源。

这种风车具有巧妙的风向调节装置。当风帆转到顺风一边时，会自动与风向垂直，受风面积最大；当风帆转到逆风一边时，就自动与风向平行，所受阻力最小。而且，8 扇风帆均可独立升降与调节。

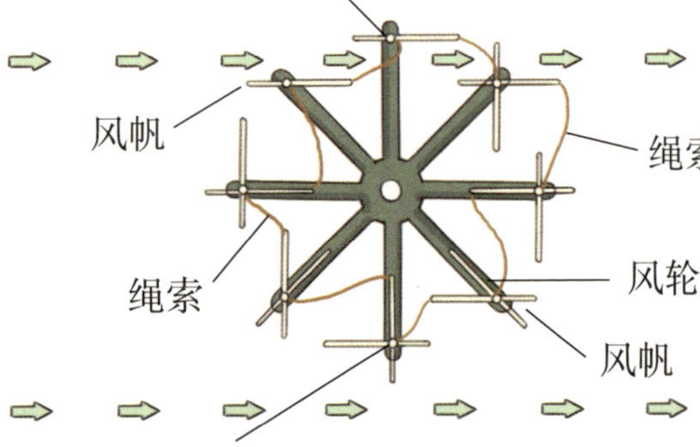

走马灯 最早的投影灯

根据记载，南宋时期，上元节夜幕降临，临安（今浙江杭州）城内大街小巷早已人声鼎沸，流光溢彩的灯会上，龙灯、宫灯、纱灯等琳琅满目，最引人注目的当数走马灯。早在秦汉时期就有了走马灯的雏形，因为灯笼剪纸上所绘的图画多为武将骑马追赶的场景，故走马灯也叫“马骑灯”。

走马灯的样子

宋朝走马灯以苏州所产的品质、造型最佳，外形多为宫灯状。

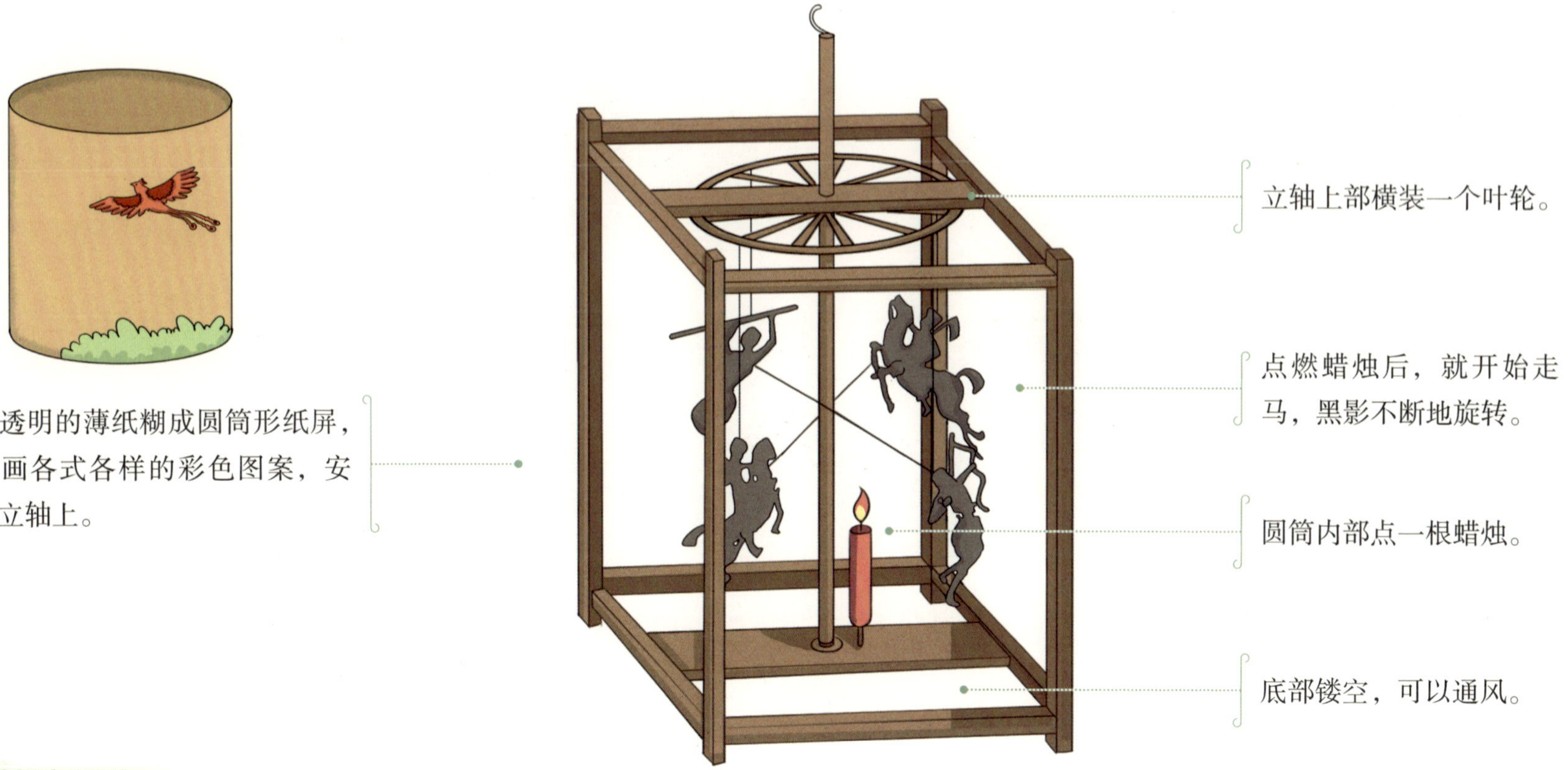

走马灯的转动原理

蜡烛点燃后空气受热，膨胀变轻，开始上升，逐渐形成一股上升的热风，吹动圆筒纸屏顶上的叶轮旋转，叶轮带动着圆筒形纸屏转起来。圆筒纸屏内部原有的空气向上跑掉了，外面的冷空气立刻从镂空的底部补充进去。只要蜡烛不灭，圆筒纸屏会一直转下去，走马灯也会不停地转动。

点燃蜡烛

空气变热后上升

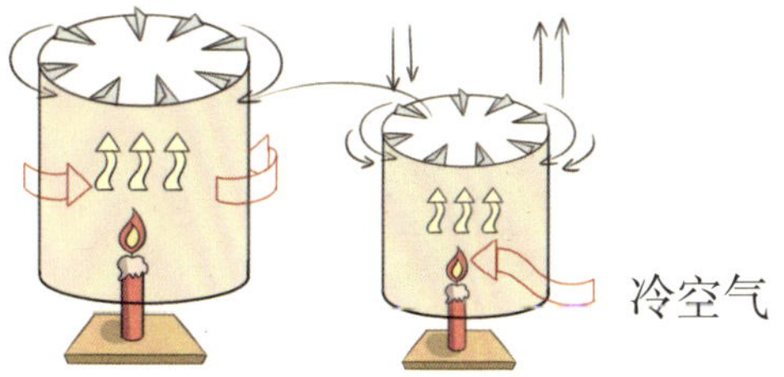

叶轮转动，带动圆筒形纸屏旋转，筒内的热空气上升后，冷空气从底部补充进筒内，走马灯就转起来啦

酿酒 米饭放久成汁

中国是一个产酒和饮酒大国，也是最早酿酒的国家，酿酒的历史十分悠久。你知道酒是如何酿出来的吗？

第 1 步：处理粮食
选择合适的原料，进行清洗、破碎等处理。

第 2 步：糖化
通过酶的作用，将粮食中的淀粉转化为糖。

第 3 步：发酵
加入酵母，将糖转化为酒精和二氧化碳。

谁是酿酒第一人

相传在夏朝，有一个名叫杜康的放牛娃。他放牛时会备着饭菜，但他总忘记吃，天气炎热的时候，饭菜会变味，米饭甚至会渗出透明的汁水。有一次，杜康忍不住尝了尝那汁水，竟意外发现口味不错。杜康因此发现了自然发酵的秘密，并自创酿酒方法，成为“酿酒鼻祖”。

酿酒的重要环节：制曲

谷物经发芽、糖化，谷物内的淀粉转为糖。这种发芽后糖化、发酵的谷粒就是“糵（niè）”。人们将谷粒蒸熟，静置几天任其发霉，再筛选出根霉菌，制成甜酒曲，即可酿酒。直到今天，民间仍有人采用此法酿酒。

可以用来酿酒的谷物

糯米、大米、小米、高粱、小麦、玉米等都是酿酒的原材料。

在家酿酒给爸爸喝

第 1 步：浸泡
取 500 克糯米清洗干净后浸泡，夏天 3~4 小时，冬天 6~8 小时。

第 2 步：蒸煮
将糯米倒入高压锅或电饭锅内，蒸至米饭熟透、无硬心。

第 3 步：搅拌
倒出米饭，加入 200 毫升左右的凉白开，放凉，轻轻搅拌至水分完全吸收。

第 4 步：过滤

将其中的固体杂质分离出来，得到清冽透明、柔润芳香、纯正甘美的白酒。

第 5 步：贮酒

把酒密封保存在阴凉处。

第 4 步：加酒曲

待米饭完全放凉，倒入酒曲（超市有售）并轻轻搅拌均匀，再倒入一个无水无油的容器内。

第 5 步：落缸

落缸后的米饭表面得轻轻压实，在中间戳个洞，然后密封保存。

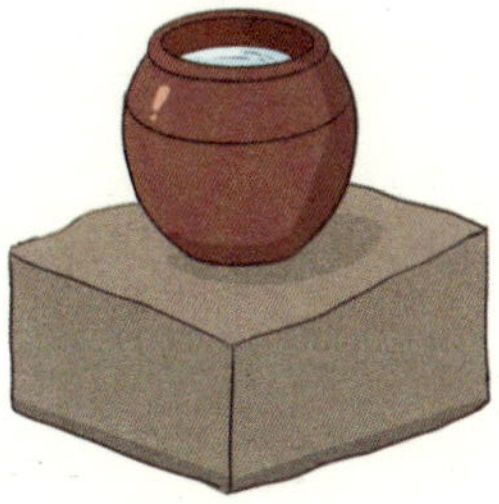

第 6 步：过滤

正常情况下，24~72 小时即可发酵好，过滤一下就可以得到米酒汁了。

铁犁 牲畜取代了人力

民以食为天，自古以来，中国人就十分重视农业，大力发展农业。为了节约人力，提高作物产量，各式各样的农具被发明出来，犁就是其中之一。犁早在周朝（距今约 3000 年）时就已出现。春秋战国时期，随着冶铁技术的成熟，人们发明了坚固的铁犁，还开始用牛来拉铁犁耕地。从此耕地开始用牲畜来牵引了，人省了不少力气。

犁出现之前

新石器时代，河姆渡人（距今 7000 多年）学会了种植水稻，他们将打磨的木质或骨质踏板捆绑在木棍上，用来开土、掘土，这便是最早的农具“耒耜（lěi sì）”。

西周时合力用耒耜耕地

西周时期，两人或三人一组合力耕地，叫作“耦（ǒu）耕”，这种耕作方法既省力、又省时，扩大了开垦荒地的规模。此时使用的农具同样也是犁的前身——耒耜。

在犁辕前的犁槃两侧拴上两根耕索，以轻便灵活的绳子取代沉重的长辕，耕索前端再拴一个曲轭。耕地时，曲轭驾在牛颈上，曲辕犁将旧式犁直木的横杠改进成曲形，更便于实际操作。

春秋时期到汉朝使用直辕犁

从春秋到汉朝这很长的一段时间里，人们一般都是采用直辕犁耕地，组成部分包括犁辕、犁剑、犁床、犁梢等，它的特征是犁辕是直的，有的用一头牛拉，犁架很大，不方便转弯；有的用两头牛拉。

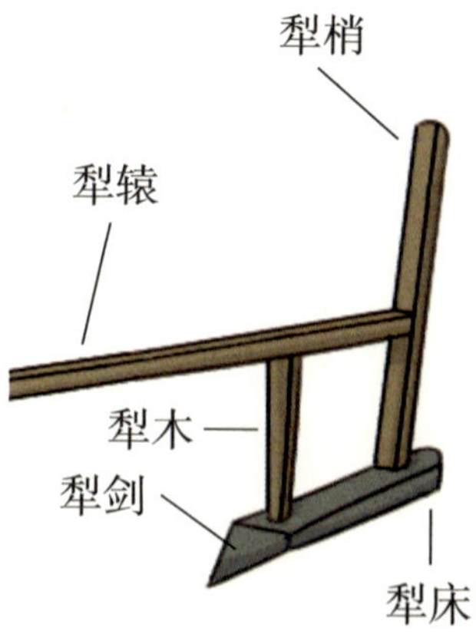

唐朝人使用曲辕犁

到了唐朝，为了让耕地的人和牲畜更省力，发明了曲辕犁，又名“江东犁”。和以前的耕犁相比，曲辕犁将直辕、长辕改为曲辕、短辕，还在辕头安装了可以自由转动的犁槃（pán），这样不仅使犁架变小、变轻，还便于调头和转弯。

曲辕犁是木质的，曲辕的制作是关键。一根合格的曲辕要确保上下、左右的弯势合宜。只有这样的犁在耕地时，土块才会向上翻起，而不会堵在犁辕和犁壁之间。这样的曲辕不能通过锯割木料获得，需要自然生长形成的曲木，否则强度不够，无法承受牛的拉力，使用时则会容易断裂。曲辕犁的发明，让犁地操作更灵活，效率也大大提高了。

石磨 有豆浆喝了

早在新石器时代，人们就用石磨棒和石磨盘来加工谷物。到了战国时期，人们发明了旋转石磨，由上、下两扇圆形磨盘组成。石磨一开始由人力推动，后来开始用畜力或水力，可以把小麦、豆子等粮食磨成粉或浆汁。

石磨是怎样制作的

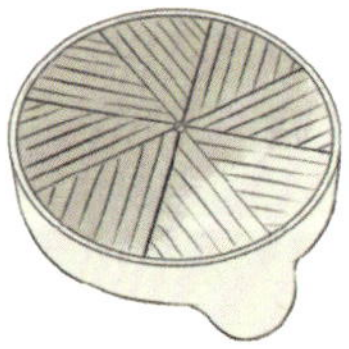

石磨上下扇的里边都有规则的沟槽，而且中间深、外边浅，中间还留有一定的间隙。

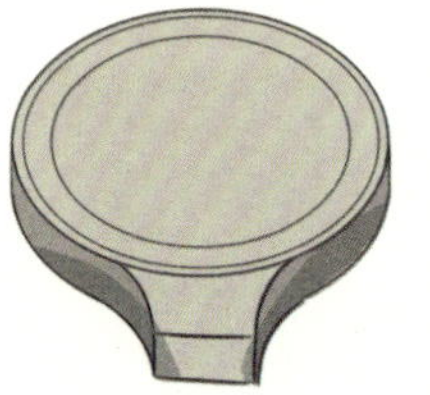

第 1 步：选择一定厚度的扁圆柱形的石头制成下扇磨盘。

第 2 步：在下扇磨盘上留出磨膛。

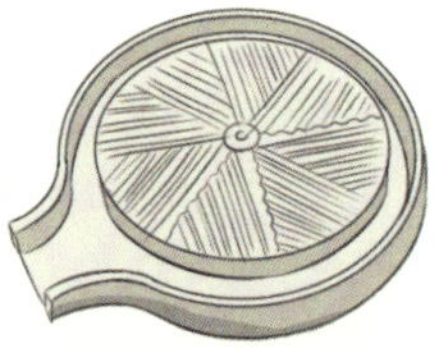

第 3 步：在下扇磨盘上刻出有规则的沟槽。

第 4 步：用同样的方法做出石磨的上扇磨盘，刻出规则的沟槽。

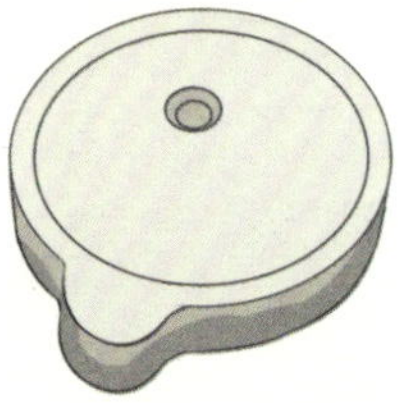

第 5 步：在上扇磨盘中凿出一个磨眼。

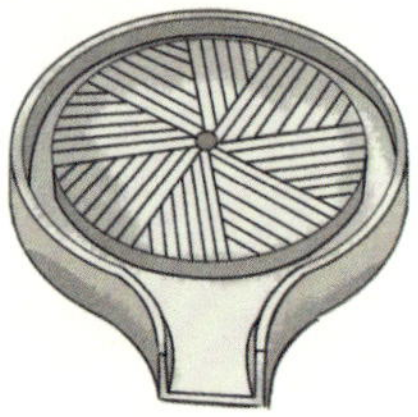

第 6 步：在下扇磨盘中心，凿出一个小洞，将短的铁制立轴插进这个小洞里。

第 7 步：在上扇磨盘中心凿出一个孔套。

如何使用石磨

首先要将石磨安装好，石磨下扇磨盘的中心设有向上突出的铁制立轴，上扇磨盘的中心有一个孔套，可以套在立轴上。石磨上下两扇相合，下扇固定后，上扇能够绕立轴转动。这时，石磨就可以使用了。

接下来，选择合适的动力来拉动石磨：大磨的直径超过 1.2 米，要用三匹马拉；一般的石磨直径80厘米左右，一个人或一头驴就能拉动；小磨的直径不足40厘米，用手摇动即可。

这时候，就可以开始研磨了。

1. 将谷物倒入磨眼。
2. 人或牲畜推动上扇。
3. 当石磨的上扇旋转时，上扇和下扇的磨齿相互啮合、交错。
4. 谷物下到里边时，通过斜槽进入中间的间隙，上扇磨盘转动时，谷物被碾成了粉末。
5. 加工好的粉末从缝隙中流到磨膛上，散布在石磨四周。

翻车 农田灌溉能手

东汉时期，人们发明了翻车。翻车是一种灌溉工具，它利用木质的链轮带动水槽内的刮板，将水提到高处。因为外形如同龙的骨架，所以翻车也叫“龙骨水车”。到了三国时，发明家马钧改进了翻车，使用起来更轻便。

翻车构造

翻车的提水高度为 1~2 米，距离水源和水田不能太远。据说，一个人花一天时间踩翻车，大约可以灌溉 5 亩地。

翻车中间有一条木链，人不停地踩动拐木，使大轮轴转动，带动木链周而复始地翻转，装在木链上的槽内刮板顺着水槽把河水提升到高处的田里。

翻车的车身长一般为 3~6 米，内部将木板一个个地串起来，看上去很像龙骨。

翻车尾部浸入水流中，另一端有小轮轴，固定于堤岸的木架上。

后世翻车变形记

后来，人们又改进、创制了不同形式的翻车。

筒车是利用水流冲击水轮转动的农业灌溉机械，大约发明于隋唐时期。筒车一般要安装在有流水的河边，挖有地槽，筒车可以将地槽里的水通过水轮上的木筒或竹筒提升到高处。

牛转翻车让牛拉动横杆传动两个轮齿，带动龙骨链刮水板，将水带起，灌溉农田。

明清时期的江苏扬州一带，人们给翻车加上了风帆，利用风力带动翻车进行灌溉。

扬谷扇车 筛选谷物的神器

在距今 2000 多年前的西汉，人们发明了一种筛选谷物的工具，叫作扬谷扇车。它的工作原理是摇动风扇形成气流，利用风力将谷物中的皮壳、杂物、瘪粒等吹走，筛选谷粒。这项发明比西方早 1000 多年。

扬谷扇车长这样

如何使用扬谷扇车

1. 将谷物放进上边的喂料斗。
2. 转动风扇，使风道内产生气流。
3. 开启喂料斗下方的调节门，谷粒在重力作用下落下。
4. 密度小的谷壳、瘪粒及轻杂物，被风吹出出风口。
5. 密度大且体型饱满的优质谷粒，直接落至下方出粮口。

历史上的扇车

【两汉】

半敞式扇车：将风扇夹于两箱板之间，轴位于中间高度或置于箱顶。

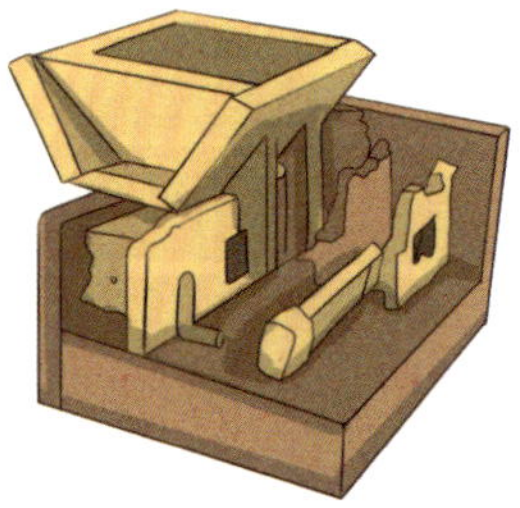

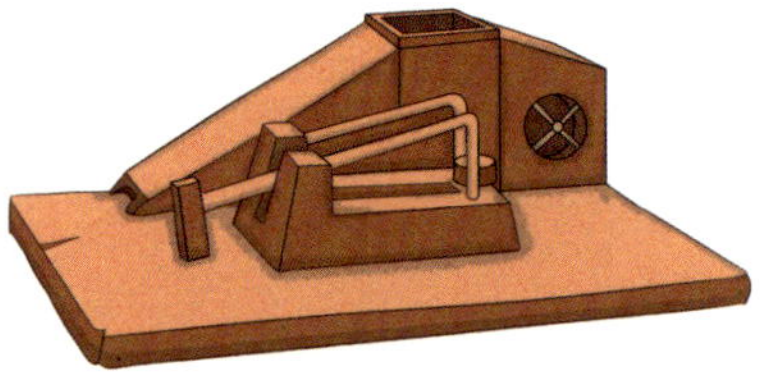

封闭式扇车：将扇轮封在箱内，进风口位于轴部，转动轮轴，产生强气流，可将糠秕输送得更远。

【明朝】

将封闭式扇车加以改进，使内部气流更加顺畅、稳定，提高了鼓风效率。

【清朝】

人们使用的扇车沿着切线方向出风，这类扇车力道很足，可以把谷壳斜抛得更远，筛选效果更好。

水排 冶铁的秘密武器

水排是利用水力驱动的鼓风装置，用于冶铁，类似现在人们使用的鼓风机。水排在东汉时已经出现，是中国古代劳动人民的一项伟大发明，比欧洲鼓风装置早了 1000 多年。

春秋时的排囊

春秋时期，人们已经学会了冶铁技术。冶铁过程中需要一个能让火烧得更旺的特殊装置——鼓风器。最早的鼓风器是皮囊做的，几个囊排成一排，叫作排囊。

东汉的立轮式水排

汉朝水排比较简单，为立轮式水排。水排利用水流冲击，带动水轮，卧轴和拐木随之旋转。当拐木旋转向前推动偃木时，横着的木簨（sǔn）压缩排囊，将空气推压进冶铁炉中。

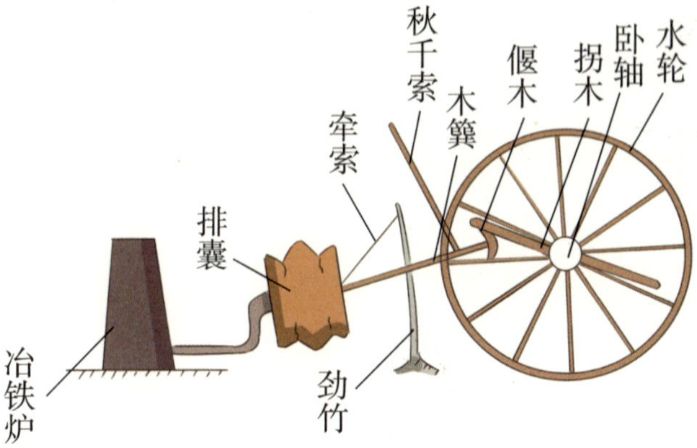

元朝的卧轮式水排

元朝，农学家王祯在他的著作《王祯农书》中，对水排进行了详细介绍，还提到了卧式水轮驱动的水排。立式和卧式的水排区别主要是水轮放置方式不同，水轮做圆周运动，再通过横着的直木，转为直线往复运动，促使排扇开合。这样的水力鼓风设备解放了人力，提高了鼓风效率，炼铁的速度更快，产量更高。公元 11 世纪，欧洲才开始使用这样的鼓风装置冶铁。让我们来看看，卧轮式水排是如何工作的。

养蚕——人们穿上了丝绸

中国是世界上最早养蚕和制造丝绸的国家，早在6000年前，新石器时代的人们就发现了蚕能吐丝的秘密。在商朝晚期，人们已开始养蚕纺丝、制作丝绸。蚕丝很细，却很坚韧，把它从蚕茧上抽出来，便可以织成漂亮柔软的丝绸。中国先民用自己的聪明才智，织出了精美的丝绸，为中国赢得了“丝国”的美誉，丝绸成为东西方贸易的重要商品，传遍了全世界，连接东西方的商路就是大名鼎鼎的丝绸之路。

蚕丝摇身变丝绸

将细细的蚕丝变成丝绸，是一件非常不容易的事，它需要经过很多复杂的工序。

第1步：选茧

剔除烂茧、霉茧、残茧等，按照茧形、茧色等分茧。选定后将蚕茧外层表面不适于织作的散乱茧衣剥掉，保证蚕丝的品质。

第2步：煮茧

将蚕茧放进热水中煮，使丝胶软化，便于抽取蚕丝，使蚕丝更有韧性。

第3步：缫（sāo）丝

蚕丝的主要成分是丝素和丝胶。丝素是近乎透明的纤维，即茧丝的主体，丝胶则是包裹在丝素外表的黏性物质。丝素不溶于水，丝胶易溶于水，温度越高，越容易溶解。人们利用这一特性，分解蚕茧、抽引蚕丝，这就是缫丝。

第4步：织造

加工生丝，分成经线和纬线（横向和纵向排好一根根生丝），再用专门的织机将生丝制成柔软紧实的丝绸布。

历史上的缫法技术

【冷盆缫法】

宋朝以后，南方人发明了将煮茧和抽丝分开的冷盆缫法。将茧放在热水锅中沸煮一小会儿，移入水温较低的“冷盆”中，再进行抽丝，待干燥后，丝线均匀，坚韧有力。

【炭火烘缫丝】

明朝时，人们在缫丝筐下放置炭火烘烤，使缫出的蚕丝脱离丝盆后，在绕到织机上前便可干燥。此法既避免了缫取后丝缕彼此粘连，又可保证丝质白净柔软。

会“易容术”的蚕

蚕的一生中，会经历多次形态的变化。让我们来一起见证蚕宝宝的“易容术”吧！

1. 蚕卵，黄色，一粒一粒的，芝麻大小。

2. 蚕从蚕卵中孵化出来时，身体是黑褐色的，长满了细毛，样子有点像小蚂蚁。

3. 之后，蚕宝宝开始不停地吃桑叶，越长越大，身体的颜色也变白了。

4. 再养一段时间，蚕宝宝就不再吃桑叶了，它的胸部变得透明，头部高高抬起，口里还吐着丝。

5. 蚕吐出的丝把自己包裹起来，变成蚕茧。蚕在茧里会待上十几天，模样也会进行两次变化。最终它会变成蚕蛾，破茧而出。

第 5 步：染色

将织好的丝绸布放入染缸中染色，再晾晒。

第 6 步：印花

将织物夹于两块雕板之间，放入染缸。雕板镂空处的织物充分接触染料进行上色，其他区域因雕板阻隔无法接触染料。最终，镂空处呈现出与织物底色不同的花色。

第 7 步：整理

将不平整的地方处理平整，一块花纹精美的丝绸布料就制成了。

小知识

了不起的提花机

布料上的花纹制作有时需要通过专门的织机，也就是提花机来制作。提花机是一种复杂的织机，它把所有的花纹和图案都编辑好并储存在装置里之后，人们只需站在织机前，踩下踏板、投梭、引纬、打纬，不断地重复这 4 个步骤，布料上的图案轮廓就会慢慢呈现出来。

瓷器 名扬海外的中国名片

距今 15000 年前，中国就出现了陶器，到了距今约 7000 年前的新石器时代中期，先民们使用的陶器就很精致了。随着时代的发展，陶器渐渐向瓷器过渡。东汉时期，瓷器的制作工艺进一步成熟，瓷器成为人们生活的必需品。宋朝时期，出现了很多享誉古今中外的名窑。瓷器的发明，提升了中国的国际影响力，是中国人民为世界文明做出的巨大贡献。

瓷器是如何制作的

第 1 步：取土

烧瓷用的土，叫作瓷土，内含高岭石、石英和云母等矿物，可塑性强、耐火、耐高温，是烧制瓷器的上等原料。

第 2 步：炼泥

瓷土含有大量杂质，采集后需要反复淘洗、去除杂质，使坯体平整干净。

第 3 步：制坯

制坯就是给瓷器做一个造型，可以根据需要做成碗、盘、壶、缸、瓶等器型。

第 4 步：干燥

瓷坯制作完成，需要经过干燥、定型，以便后期加工处理。干燥的方法有自然干燥法、烘干法等。

第 5 步：上釉

上釉可使制成的瓷器表面光洁滑腻，色彩鲜艳缤纷。

第 6 步：烧制

入窑烧制是制作瓷器的最后一道工序，火候是瓷器烧制能否成功的关键。

一次偶然的发现

传说东汉末年时，人们在烧窑时不小心把柴火灰落在了陶坯表面，烧制后正巧形成了一种特殊的薄层，还有防水的效果。于是，人们研究出一种可控的上釉方法——草木灰上釉法。

釉上彩与釉下彩的区别

釉上彩又叫“炉彩”，先把瓷坯烧成白釉或单色釉瓷，再彩绘图案，最后入窑低温烧制，窑温一般为600~900℃。

釉下彩又叫“窑彩”，在成型的素坯上绘制，然后罩以白色透明釉或者浅色釉，高温一次烧成，窑温一般为1200~1400℃。

这款“明宣德青花高足杯”属于釉下彩。

名窑与瓷都

宋朝时，出现了五大名窑——汝窑、官窑、哥窑、钧窑、定窑，瓷都——景德镇更是声名远播。

五大名窑的代表瓷器：

汝窑

官窑

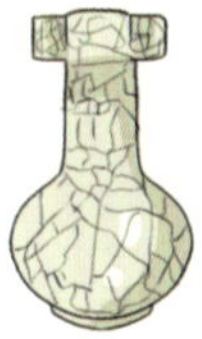

哥窑

钧窑

定窑

景德镇作为瓷都，瓷器造型优美，品种众多，青花瓷、玲珑瓷、粉彩瓷、色釉瓷为四大传统名瓷。

青花

青花釉里红

釉里红

小知识

陶和瓷是一种物品吗

陶瓷，是陶器与瓷器的合称，它们并非一种东西，而是两种不同的制品，你会区别它们吗？

【陶器】

出现时间：15000 年前

材料：普通黏土、陶土

烧成温度：1100℃左右

特性：胎体粗糙、容易吸水，表面不够光滑。敲一敲，会发出沉闷的声音

【瓷器】

出现时间：3000 年前

材料：高岭土（白色细腻，耐火、耐高温）

烧成温度：1200℃以上

特性：胎体结实，基本不吸水，表面非常光滑平整。敲一敲，会发出金属般清脆的声音

针灸 中医的瑰宝

针灸指中医的针法和灸法，是中国独创的治疗疾病的手段。2006 年，针灸被列入第一批国家级非物质文化遗产代表性项目名录。

针法的源起

早在战国时代问世的《黄帝内经》中，就有关于针灸的记载，古人在长期的生活实践中，发现身体的某些部位被刺破、出血时，其他部位的疼痛居然减轻了，久而久之，人们掌握了通过针刺治疗、调理身体的办法，这种方法渐渐流行起来，还传到了其他国家。

针的进化史

【砭（biān）石】

原始人类利用锐利的石片刺激身体脓肿的地方，使脓液排出，解除病痛。这就是最早的针具——砭石。

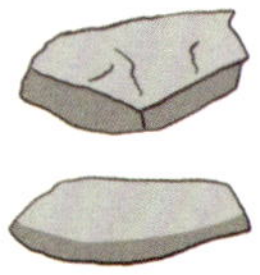

【石针、骨针】

石针、骨针，由石头或动物的骨骼打磨而成。

石针

骨针

【金属针】

战国至秦汉时期，骨针等被金属针替代。

金针

银针

铁针

【不锈钢针】

现如今，我们使用的是不锈钢针，它的柔韧性和针尖更便于针刺治疗。

小知识

铁是怎么变成针的?

1. 将熟铁锻造成细条。

2. 在铁尺上钻出小孔。

3. 从小孔里抽出细铁条，即成铁线。

4. 剪断铁线，即成针坯。

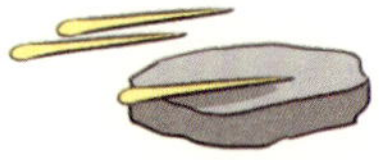

5. 加工针坯，先把针坯的一端锉（cuò）尖。

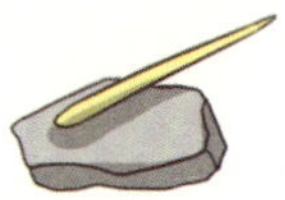

6. 用小锤将另一端敲扁，并钻出针鼻。

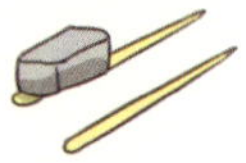

7. 将针的周围锉平。

8. 将它放入锅里慢火炒煮。

9. 用泥粉、松木炭和豆豉将其盖住，再用火蒸。

10. 蒸好后，将针放入水中冷却，针便做成了。

取暖散寒就是灸的真谛

灸法是运用温热刺激人体、治疗疾病的方法，起源比针刺法更早。

相传，早在旧石器时代，我们的祖先就发现通过烘烤，可以缓解某些部位的病痛，后来，人们用兽皮或树叶包住烧热的石块、砂土，“热而熨之”，灸法由此产生。

春秋战国时期，人们用艾蒿烤灼不舒服的地方，灸法开始定型。

针灸如何操作

战国时期，中医针灸疗法被广泛运用到治病之中。人体布满经络，共有数百个穴位。生病后，医生会根据病人的症状，选择穴位，用针法或灸法加以刺激，缓解身体不适。

小知识

针刺的手法

行针的基本手法既可单独使用，又可配合应用。不管哪种针法，都只有专业的医生才能操作哦！

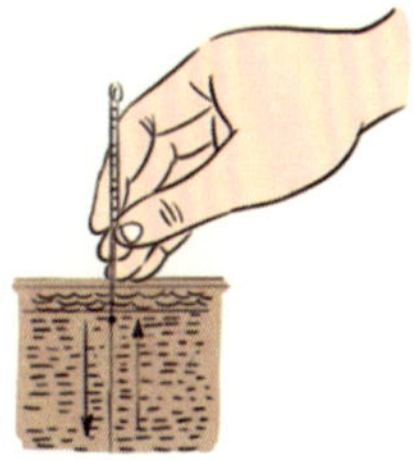

1. 提插法：将针刺入腧穴（shù xué，针灸、推拿等疗法主要的施术部位）一定深度后，施以上提下插的操作手法。使针由浅层向下刺入深层的操作谓之插，从深层向上至浅层的操作谓之提，如此反复做纵向运动就是提插法。

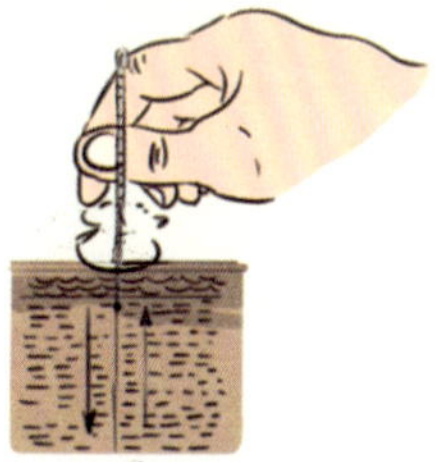

2. 捻转法：将针刺入穴位一定深度后，施向前向后的捻转动作，使针在腧穴内反复前后来回旋转的行针手法。

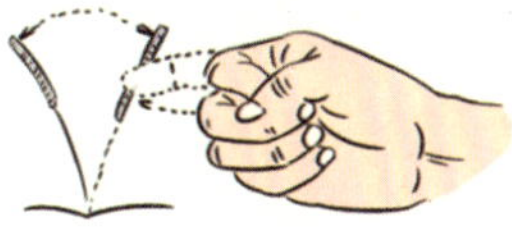

3. 摇法：将针刺入腧穴一定深度后，用食指弹拨，使针在腧穴内反复前后摇晃。

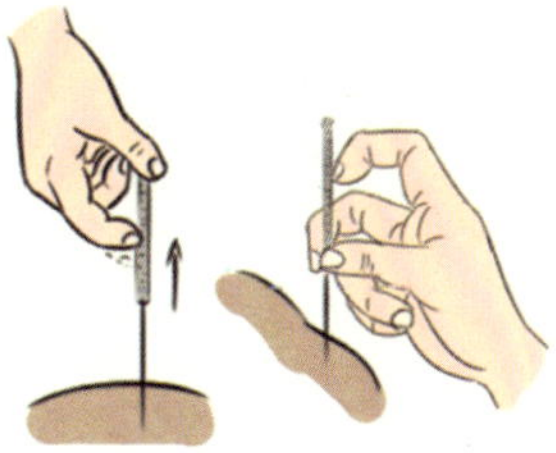

4. 刮法：将针刺入穴位一定深度后，用食指或拇指的指腹抵住针尾，用拇指、食指或中指指甲，上下频频刮动针柄。

珠算——中国古老的计算方法

算盘是古代中国的一项重大的发明，关于它的具体起源时间目前尚无定论。算盘由一串串算珠组成，从右至左代表了个、十、百、千、万等十进位，只需掌握算盘的运算口诀，就可以用它来进行多种复杂运算。这种计算技术就是珠算，2013 年，中国珠算被联合国教科文组织列入人类非物质文化遗产代表作名录。

先来认识算盘

算盘多为长方形。框中自上而下有多根细杆，每一杆为一档，常见的有 9 档、11 档、13 档等。每档又分上下两排，各有算珠若干。上面一排，每栏有 2 个算珠，下面一排每栏是 5 个算珠。

开始计算前，所有的算珠都必须归位，上排算珠拨到顶，下排算珠拨到底。上面一排的算珠代表数字 5，下面一排的每个算珠代表数字 1。从右数第一栏是个位（表示的数是 1~9），第二栏是十位（表示的数是 10~99），第三栏是百位（表示的数是 100~999），以此类推。

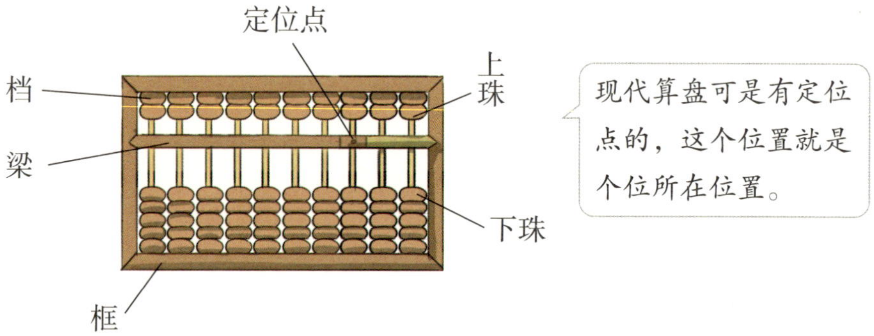

你知道下面这个算盘上表示的数字是多少吗？大声地念出来吧！

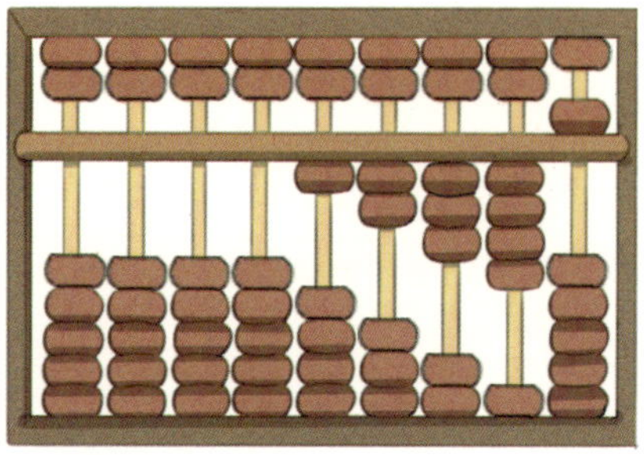

学用算盘做加法

下面我们用算盘来计算 1234+5678 吧！

第 1 步：输入第一个数 1234，首先把下排个位拨上去 4 个珠子，十位拨上去 3 个珠子，百位拨上去 2 个珠子，千位拨上 1 个珠子。

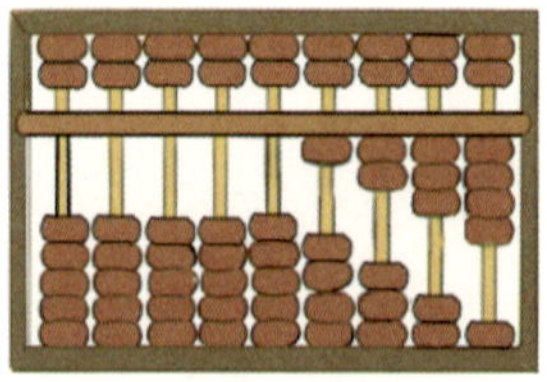

1 2 3 4

第 2 步：从左往右加。与传统的代数计算从个位开始，从右往左计算的方式不同，算盘是从左往右计算的。因此，第一个计算的是千位上的 1+5，把上排珠子拨下来，表示加 5，加上下排的一个珠子得到 6。同样地，把百位上排的珠子拨下来，把下排的一个珠子再拨上去得到 8。

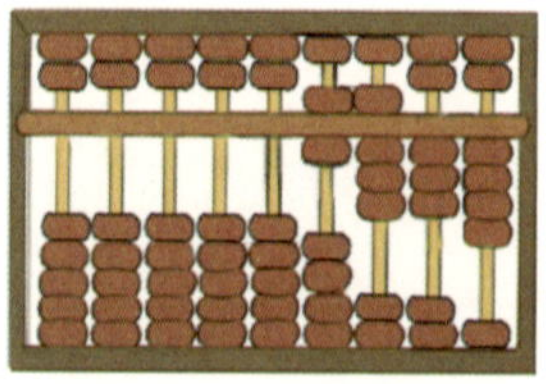

6 8 3 4

第 3 步：进位。这一部分最有创造性。十位上两个数 7 加 3 相加得 10，向百位进 1，百位上就变成 9。然后，把十位所有的珠子归位表示 0。在个位那一栏，用同样方法进行计算。8 + 4 = 12，所以十位上进 1，个位上剩下 2。

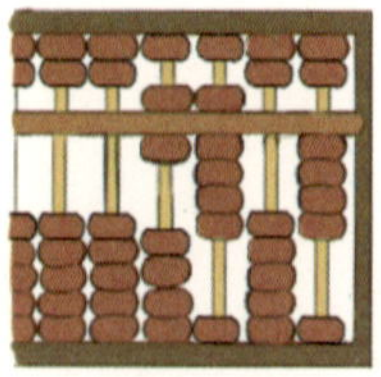

6 9 0 4

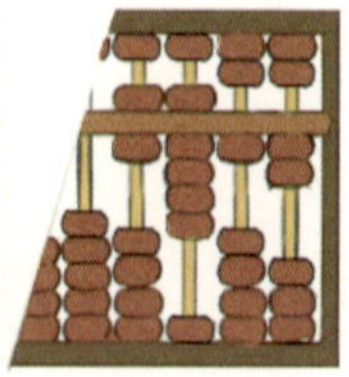

6 9 1 2

第 4 步：数珠子。结果得到千位上一个 6，百位上一个 9，十位上一个 1，个位上一个 2，也就是：1234+5678 =6912。

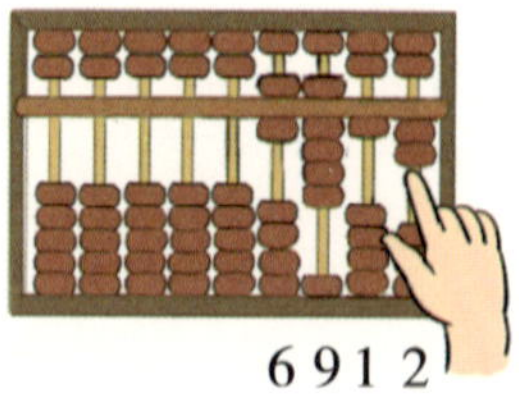

6 9 1 2

算盘出现之前，人们如何记数

【结绳记数】

早期，人们发明了用绳子打结的方式来记数。比如，摘了 2 个野果，就在一条绳子上打 2 个结。

【刻木记数】

打结有点耗费时间，于是，人们在木头上刻痕迹记数。得到一件东西，就在木头上刻一道痕。

【甲骨文记数】

记的数字越来越大，需要记的事越来越多，结绳、刻木记数不仅费力，还容易遗忘。于是，人们开始用特定的符号来表示特定的数字，商朝时就出现了一套文字记数系统。

【摆木棍记数】

春秋战国时期，人们发明了一种简单有效的记数和计算工具，它便是算筹！用算筹来记数和计算的方法，称为“筹算”。

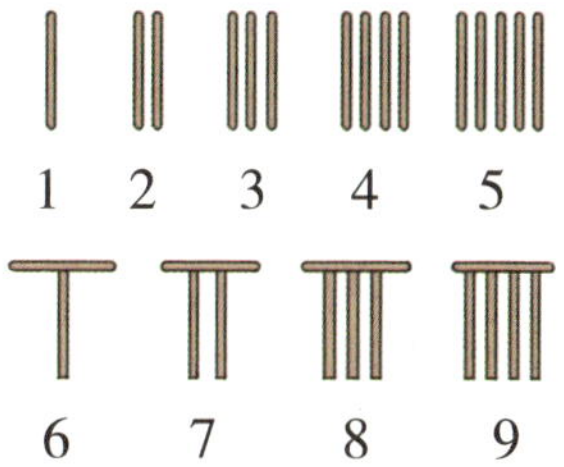

造纸术 树皮如何变废为宝

如今，人们已经习惯在纸上或电子产品上做记录，但是在很久以前，人们想要记录事情，需要刻在甲骨上，或铸刻在铜器上，或刻写在竹简、木牍（dú）、石碑上，还有些则写在绢帛上。

甲骨：古代用于占卜的龟甲、兽骨。

竹简：用竹子做成的狭长的竹片。

木牍：和竹简差不多，是一种木片。两者都不利于书写和阅读，还特别笨重。

绢帛：一种质地细薄的丝织品，价格昂贵，普通百姓用不起。

纸是如何造出来的

纸刚发明出来的时候，质量较差，产量也不大。直到东汉时期，一个叫蔡伦的宦官改进了造纸技术，他降低了造纸成本，让纸便于书写。渐渐地，纸流行起来，成为主要的书写材料。

我们一起看看古人是如何造纸的吧！

第 1 步：取檀木、荛（ráo）花等树的树皮，切断，洗干净。

第 2 步：加入草木灰等，蒸煮。

第 3 步：将蒸煮过的树皮原料，放在地上日晒雨淋，其间经常翻面，让树皮自然变白。

各种各样的纸

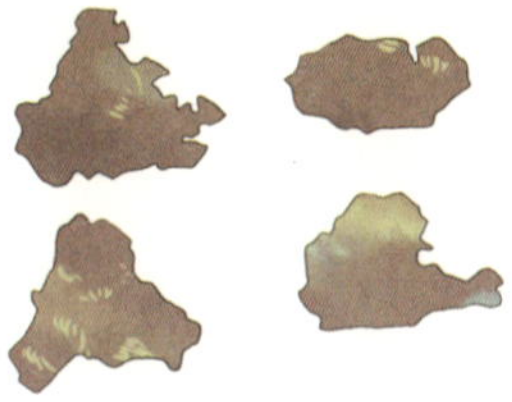

纸在西汉时期就已经出现了，当时的纸是用麻皮纤维或麻类织物做成的，这种纸太粗糙，不适合书写，多用来包装。

东汉时期的蔡伦，为了提高纸的适用性，经过反复尝试，最终用树皮、麻头、破布、旧渔网等造纸，名曰“蔡侯纸”。

东汉末年，又有一位造纸能人左伯，造成了一种厚薄均匀、色彩鲜明，可以两面书写的纸，称为“左伯纸”。

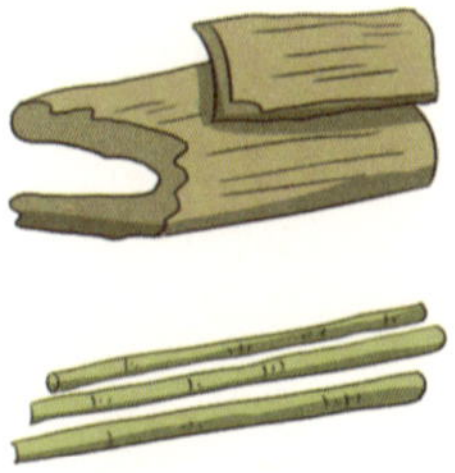

魏晋时期，造纸的原料更加丰富，出现了桑皮纸、藤皮纸。同时，人们在造纸时除去了杂质，造出了洁白的皮纸。

唐朝女诗人薛涛，将红色的花瓣捣成泥，加入清水和胶质，调匀，均匀地涂在纸上，再用书夹湿纸，用吸水麻纸附贴色纸，一张张叠压，压平阴干最后制成了红色的笺纸。这种纸被称为“薛涛笺”。

民国时期，国画大师张大千为了使纸能够承受住重笔，在纯竹浆中加入麻料纤维，“大千纸”试制成功。这种纸洁白、柔软。

第 4 步：将原料碾碎、浸泡、发酵，打成浆。

第 5 步：用抄纸器捞浆，让纸浆成为薄薄的湿纸。

第 6 步：将抄好的纸张，晒干或烘干。

第 7 步：将晒干或烘干的湿纸揭下来，就是可以书写的纸张了。

印刷术 字如何印在白纸上

蔡伦改进造纸术后，纸张开始逐渐普及，但是得到一本纸质书并不容易。在印刷术发明之前，书籍都是手抄出来的，费时又费力，还容易出错。东汉时，人们发明了拓印。后来，唐朝人发明了雕版印刷术。之后，宋朝人毕昇又发明了活字印刷术，大大提高了印刷的效率。

用雕版印刷书籍

雕版印刷，就是把整本书像刻印章一样刻在木板上。

第 1 步：挑选一块细密坚实的梨木或枣木，把它锯成一块块长方形木板。

第 2 步：把仔细校对过的文稿有字的一面反着贴在木板上。

第 3 步：按照每个字的笔画，用刻刀把木板上的反体字墨迹刻成凸起的文字，同时剔除木板上空白的部分，制成书版。

第 4 步：用刷子蘸墨，刷书版，确保版上凸出的反字都被涂上墨。

第 5 步：把白纸覆盖在书版上，再用干净的刷子轻轻刷纸背，纸上会印出文字或者图画。

第 6 步：揭起纸，自然阴干，就可以得到一页白纸黑字的书。

小知识

世界上现存最早的雕版印刷品

现存最早的标有年代的雕版印刷品是 20 世纪初在我国甘肃敦煌发现的唐朝的《金刚经》。这卷佛经是用雕版印在 7 张纸上，粘成一卷的。全卷长约 5 米，卷首印着一幅木刻的佛教画，末尾题有“咸通九年四月十五日”。咸通九年即公元 868 年，距今已有 1100 多年。

用活字印刷书籍

雕版印刷术发明之后，人们用木板做原料，一部书版，可以印出成百上千本书，方便又省钱。但是，每印一页书就得刻一块版，每印一本书就得刻一套版，耗费很大。如果一不小心刻错了，很难修改，还不便于保存。到了北宋时期，毕昇想到了一个办法：把整版的雕版文字变成灵活的单个文字。把单字排列好，然后印刷。印刷完毕，这些单字还可以拆下来，留着下次排印。这项技术被人们称为“活字印刷术”。

1. 用胶泥做成一个个大小统一的单个字，用火烧硬，变成胶泥活字。
2. 把这些胶泥活字分类放在木格里，常用的字古人一般会多准备几个甚至十几个。
3. 排版时，用一块带框的铁板做底托，上面敷一层用松脂、蜡、纸灰混合制成的药剂，把需要的胶泥活字从备用的木格里拣出来，排进框内，排满就成为一版。
4. 将铁板放在火上烤一烤。等药剂稍熔化，用一块平板把字面压平，待药剂冷却凝固后，就成为版型。
5. 印刷时，只要在版型上刷上墨，覆上纸，施加一定的压力，就可以在纸上印出文字了。

转轮排字盘

宋朝以后，活字印刷仍被沿用，但是，排字工具和制作活字的材料仍在不断改进。元朝时，科学家王祯发明了转轮排字架。排字时，工匠们坐在两个同样大小的圆盘中间，通过转动圆盘捡取需要的活字。

冷兵器 古人自保杀敌的利器

冷兵器，一般指不用火药、炸药等热量来驱动，能在战场上杀敌、保护自己的武器。冷兵器是历史上最早出现的武器，很多沿用至今。其中弓箭、弩的使用最早，刀、剑的使用最为普遍。

弓箭——历史悠久的冷兵器

后羿射日的故事，小朋友们都比较熟悉，他的武器就是弓箭。我国是世界上最早发明弓箭的国家，早在旧石器时代晚期就已经出现。

一起来做一张弓

弓的做法很简单：截取一根弯曲的木头，在两端划出凹槽，用动物的筋或皮条做成弓弦，固定在凹槽上，弓就做成了。

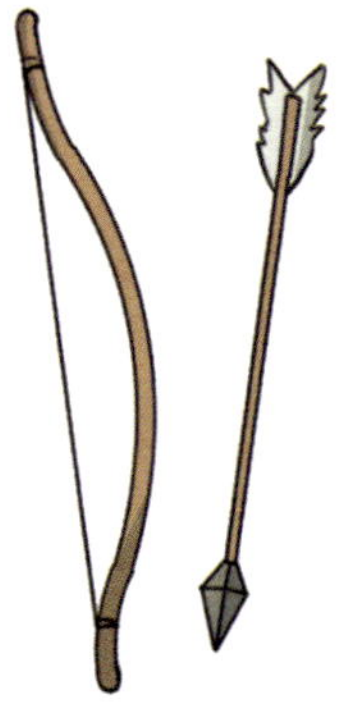

一起来做一支箭

1. 箭杆可用竹子或桦木来制作，用于撑弦承力。
2. 箭镞多为铁制，形状各异，有桃叶枪尖形、平头铁铲形、三棱锥形等。
3. 箭的飞行速度和稳定性，除了取决于射手本身，还受尾巴上的箭羽影响。

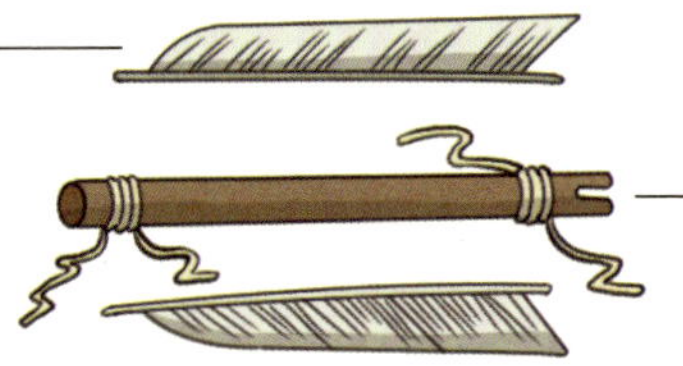

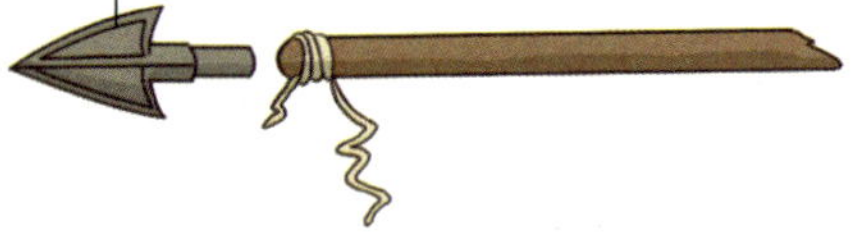

现在，人们多用复合弓。一套高质量的复合弓做起来可比远古时期的单体弓复杂多了，它包括弓身、弓弦、弦垫等。

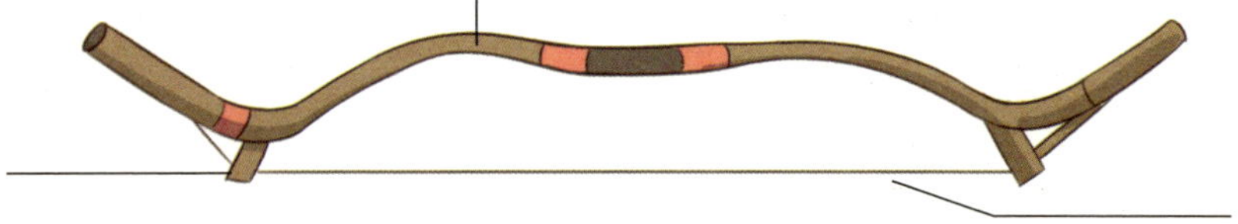

弩——远程射杀利器

弩最早出现于春秋战国时期，在古代战争中，弩是非常重要的武器之一。其威力通常以“石”来计算，拉开一石的弩，相当于提起 30 千克的重物。汉简中记载有十石弩，射程超过 600 米，足见其威力之大。

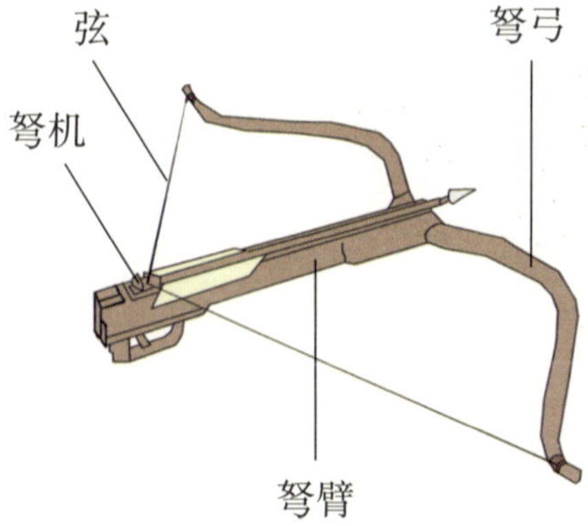

西汉时期，出现了威力更大的“床弩”。它将多张弓安装在弩床上，通过多人绞动轮轴来上弦。据研究，宋朝时的床弩射程超过千米，著名的澶渊之战中，辽军主帅便命丧于宋军床弩之下。

剑行天下数千年

剑古时就有“百兵之君”的美称，早期的青铜剑较短，呈柳叶形或三角形。

到了春秋战国时期，青铜剑兴盛，最有名的就是越王的那把青铜剑。

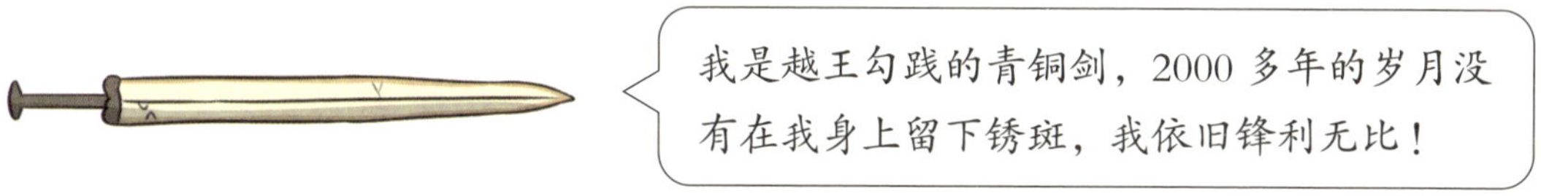

战国中期，楚、燕等国开始较多地使用铁剑，多为 1 米左右的长剑。

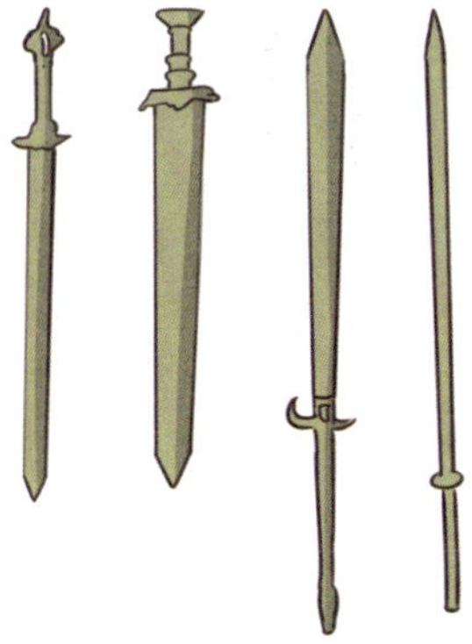

到了汉朝中期，百炼钢技术出现，造出的剑更加精美、锋利。

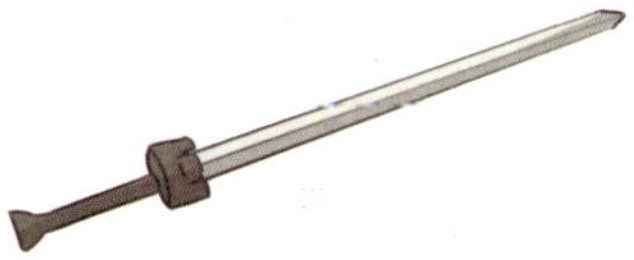

火药 炼丹时的意外收获

火药是中国古代四大发明之一，它的主要成分包括硝石、硫黄和木炭。火药最初是道士在炼丹时无意发现的，在炼丹的过程中，人们发现了火药的配方，因其威力巨大，人们便将其应用到军队作战中。早在 1000 多年前的唐朝末年，战争中已开始使用火器，之后火药被越来越多地运用于军事，直到今天。

相传，唐朝名医孙思邈也喜欢炼丹。有一次，他把硫黄和硝石的粉末放在锅里，加了点着火的皂角子。没想到，从炉子里忽地一下蹿出了火苗，把孙思邈的胡子烧着了！

孙思邈顾不上疼，马上把配方记了下来，收录在《丹经》这本书里。这是至今为止最早的有文字记载的火药配方。

后来，人们也用火药来制作烟花。

会爆炸的火药配方

硫黄、硝石和木炭粉末混合后剧烈燃烧，产生大量的气体，主要是氮气和二氧化碳。将火药放在密闭的空间或容器里燃烧，气体迅速膨胀，就会发生爆炸。后来，人们将这一配方用于军事上，火药很快成为战场上最厉害的武器。

抛石器投掷火药包

唐朝末年，出现了一种名叫“飞火”的新武器。作战时，士兵把抛石机推上阵地，装上火药包，点着后，火药包会像雨点一样飞向敌军。

升级版的各式火器

唐朝之后，火药在军事上的应用越来越广。古人发现火药的秘密后，又创造出了不少奇妙的火器。

【北宋】

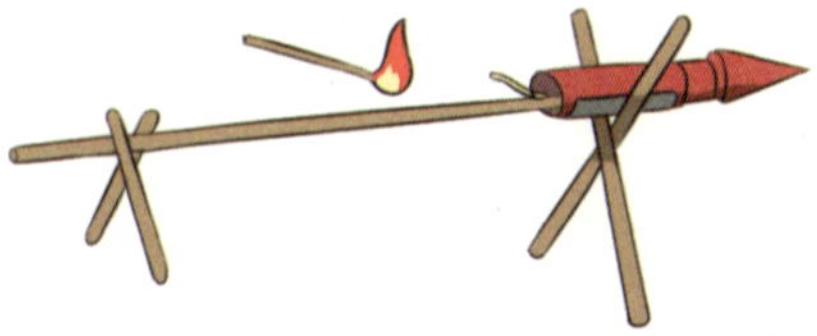

火箭：箭杆前端装有火药筒，点燃后，火药筒向后喷出气体，带动箭射出去。

火蒺藜（jí lí）：外面有很多尖刺，点着后杀伤力很强，专用于阻止敌方骑兵冲击。

引火球：一种球形火药包，点燃引信后快速抛出去，爆炸攻敌。

震天雷：外壳用生铁包裹，上面有一根引信。点燃引信后爆炸，可以击穿铁甲。

毒药烟球：球形火器，可以散发毒气攻敌。

【南宋】

突火枪是世界上最早的发射子弹的火枪，以粗竹筒为枪身，外壁有一个点火孔。发射时，一手扶管身，一手点火。一声巨响后，可以射出碎石块或弹丸。

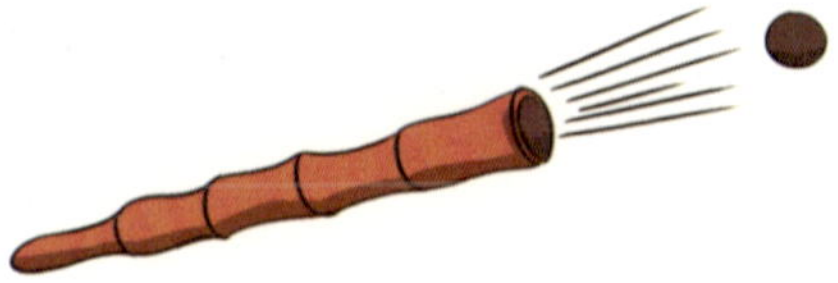

【元朝】

火铳是我国第一代金属材质的管状射击火器。火铳能承受较大的膛压，可以装填较多的火药，使用寿命更长、杀伤力更大。

【明朝】

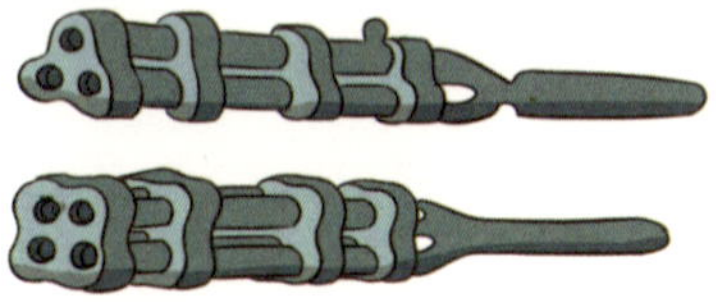

三眼铳和四眼铳：短火器。前者是三根单铳装在一起，后者是四根单铳装在一起。

迅雷铳：有五根铳管，每射击 1 次后，需转动一下，才能进行下一管射击。

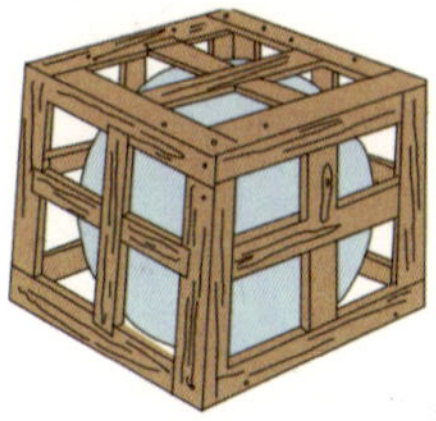

万人敌：爆炸武器，外壳用木框包裹，重达几十千克。点燃引信，火焰四射，即可伤敌。

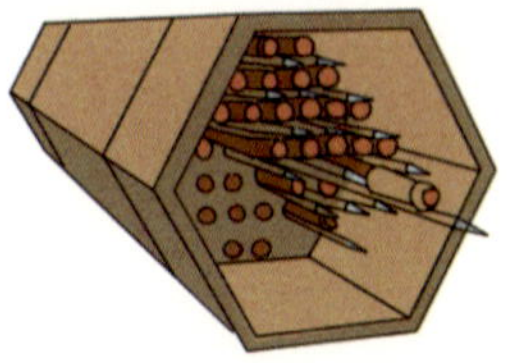

一窝蜂：可以同时发射 32 支火箭，类似于现代的火箭炮。

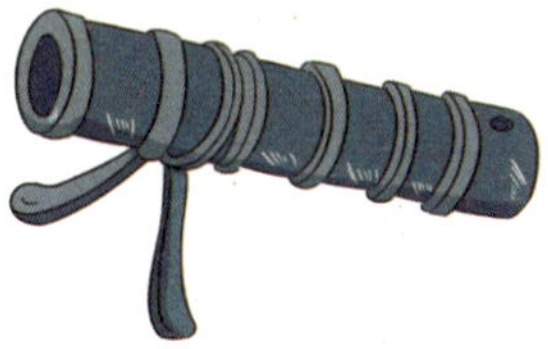

虎蹲炮：类似于现代的迫击炮，特别轻便，适合在山地战中使用。

火龙出水：二级火箭的鼻祖，第一级火箭燃烧时，可以推动火龙飞行二三里（1–1.5 千米）。第一级火箭燃烧完毕，龙腹内的小火箭被引燃，数支火箭从龙嘴射出，大大提高了攻击力。

中国火药走向世界

火药在中国使用了很长时间后，才传入西方。13 世纪时，商人将火药带到印度，后传入阿拉伯地区。元朝时，蒙古骑兵西征中亚时，使用了大量的火器，火药制造技术也传播到这些地方。后来，欧洲人通过翻译阿拉伯的书籍知道了火药，并在与阿拉伯人的战争中也学会了制造和使用火药。人类也由此迈入火器（热兵器）时代。

小朋友们，画出你的发明创造吧